KB171758

임신 준비부터 출산까지 : 임신 준비편

발행 2018년 02월 11일
저자 forhappywomen
지원 mediteam
편집 및 디자인 정보람
펴낸이 한건희
펴낸곳 주식회사 부크크
출판사등록 2014.07.15.(제2014-16호)
주소 경기 부천시 원미구 춘의동 202 춘의테크노파크2단지 202동 1306호
전화 1670-8316
이메일 info@bookk.co.kr

ISBN 979-11-272-3293-1

www.bookk.co.kr

임신 준비부터 출산까지

임신 준비편

차례

프롤로그
임신 준비부터 출산까지

안녕하세요.

<임신 준비부터 출산까지>를 연재하는 남자 산부인과 의사, **Forhappywomen**입니다.

인터넷에 임신과 관련된 정보들이 정말 많습니다. 하지만 필요한 정보들이 일목요연하게 정리된 글은 많지 않아 보입니다.

산부인과 의사가 줄어서 그런지, 모든 친구들의 산모 상담사는 저였습니다. 거리와 시간을 막론하고 친구들에게 상담을 해주었습니다.

그때의 경험을 바탕으로, 친구이자 산부인과 의사의 눈으로 쓴 책입니다. 우선, 임신 주수에 맞춰 쉽게 읽으실 수 있도록 1주 단위로 글을 썼습니다. 내용을 쉽게 이해하도록 대화체로 시작하였으며, 2016년 한국 여성 평균 출산연령이 32.4세인 것을 고려하여 33세 여성을 주인공으로 선택하였습니다.

글을 읽으시기에 앞서 이해해두시면 좋을 내용이 있어 몇 가지 설명드리겠습니다.

일반적으로 말하는 임신 5주, 임신 6주 등의 개념은 마지막 월경 시작일을 기준으로 합니다. 다만, 임신 주수는 생리주기에 따라서 다를 수 있고, 혹 생리주기가 불규칙한 경우에는 임신 초기 아기의 크기를 기준으로 임신 주수를 역추정하게 됩니다. 본 글은 한 달 주기의 생리가 규칙적인 여성에 맞추어 설명하였습니다.

월경주기가 28~29일로 규칙적인 여성을 예를 들어 설명해봅시다. 그 여성이 1월 1일 생리를 시작했다면 1월 29일쯤 다음 생리를 시작할 거라고 예측할 수 있습니다. 이 여성의 경우 배란은 1월 14일에서 15일쯤 하게 되며, 수정은 배란 이후 이루어지게 됩니다. 1월 둘째 주에 난자와 정자가 수정되었다고 가정해본다면 글의 순서는 아래와 같습니다.

12월 마지막 주 | **(수정) 2주 전**
1월 첫째 주 | **무월경 1주 차**
1월 둘째 주 | **무월경 2주 차**
1월 셋째 주 | **무월경 3주 차**
1월 넷째 주 | **무월경 4주 차**
1월 다섯째 주 | **임신 5주 차**

글의 제목에 사용한 '무월경'이라는 단어는 일반적으로 잘 쓰지는 않지만, 마지막 생리 이후 기간을 의미합니다.

임신 준비기를 지나 무월경기, 그리고 임신 5주 차에서 임신 41주까지의 내용을 순서대로 연재하고, 임신 41주 이후에는 산욕기에 대한 내용을 연재할 예정입니다. 이번 책에서는 임신 준비기부터 무월경기까지의 내용을 담았습니다.

글에서 설명하는 주수는 산모 개개인에 따라 일찍 겪게 될 수도 있으므로 글의 내용은 3주 정도를 미리 살펴보시면 조금 더 도움이 되실 것입니다.

감사합니다.

참고해주세요.

33세 아내, 30세 산부인과 의사 남편

- 본문의 대화는 아이 출산 경험에 의거한 'Fact'에 'Fiction'을 가미한 'Faction'입니다.

- 대부분의 내용은 산부인과 교과서를 기반으로 하였지만, 의학적 내용은 계속 수정 & 발전되니 참고 바랍니다.

- 모든 산모는 개개인에 맞춘 진료가 필요하니, 최종 결정은 지정의와 상의 후 신중히 결정하시기 바랍니다.

- 개인적인 가치관이 반영되어있으니 감안하여 읽어주시면 감사하겠습니다.

10주 전

임신을 준비해볼까

아내가 평소와 같이 잠을 청하던 나에게 한마디 말을 건네 왔다.

"여보, 우리 이제 아기를 가져봐야 하지 않겠어?
이제 때가 된 것 같아. 슬슬 준비해야 할 것 같은데…
준비할 게 뭐뭐 있어?"

낮에 일할 때 환자 보느라 너무 신경을 썼던지라 왠지 모를 본능에 이끌려
나는 등을 돌리며 아내에게 한마디 말했다.

"응. 잠을 자야지.
그래야 아기가 생기지.
아기가 생기면 산부인과 가봐야지…"

....

갑작스러운 정적 후 아내가 한마디 말을 꺼냈다.

"내가 이러려고 산부인과 의사랑 결혼했나
자괴감이 들어…"

"알았어ㅠ 내가 잘못했어 ㅠ_ㅠ"

임신을 준비하기에 가장 중요한 것은 부부의 결심입니다.

점점 늦어지는 취업, 녹록지 않은 사회분위기, 경력단절로 이어지는 육아, 출산 이후 '맘'들을 대신하여 봐줄 수 있는 시어머니와 친정어머니의 지원. 이런 출산 후 벌어질 여러 상황에 대한 대책이야 말로 임신을 준비하는 부부에게 가장 필요한 것이라고 생각합니다.

대부분의 30대 초반 여성들은 특별한 부인과 질환을 앓고 있지 않기 때문에, 산부인과에 먼저 방문하지 않는 경우가 많습니다. 그래서 임신을 준비하는 많은 여성분들이 생리를 건너고 1~2주 후에야 임신되었다는 사실을 알아차리게 됩니다.

지피지기면 백전불태
知彼知己百戰不殆

하지만, 지피지기면 백전불태라는 말처럼, 임신을 준비하기에 앞서 "부부의 건강을 알아보는 시간"을 가지면 훨씬 도움이 됩니다. 그리고 이렇게 알게 된 정보를 병원에 알려주시면 조금 더 적절한 진료를 받으실 수 있습니다.

남편과 '나'의 나이는 어떠한가?

아기는 몇 명을 낳을 것인가?

남편과 '나'는 어떤 질환이 있으며 어떤 약을 먹고 있는가?

: 고혈압, 당뇨, 경련 등

남편과 '나'는 술, 담배를 하는가?

남편과 '나'의 가족 중에 유전 질환이 있는 사람은 없는가?

: 페닐케톤뇨증, 신경관 결손, 다운증후군, 지중해성 빈혈

최근 남편과 '나'는 지카 바이러스 유행 지역에 다녀온 적이 있는가?

: 몰디브, 필리핀, 싱가포르, 태국, 베트남, 피지 등 수많은 국가

* 질병관리본부 홈페이지 (http://www.cdc.go.kr) 발생국가 현황 참조

여성의 경우 35세를 기준으로 다운증후군의 위험이 급격하게 올라가며, 고령의 산모에서 임신 합병증의 위험이 올라가는 것으로 알려져 있습니다. 그에 비해 남성의 나이는 기형에 큰 영향을 미치지는 않는다고 하지만, 역시 안심할 수는 없습니다. 남성 또한 나이가 들수록 몇몇의 염색체 질환의 발생 가능성이 높아질 수 있기 때문입니다. 따라서 몇 명을 출산할 계획인지, 터울을 어떻게 둘 것인지를 미리 생각해놓으시면 도움이 될 수 있습니다.

'예비맘'들의 고혈압, 당뇨의 유무는 임신 중 발생하는 임신성 고혈압, 임신중독증, 조산 등과 연관이 되어있어서 상태를 잘 알고 있는 것이 중요합니다. 경련을 하는 경우에 복용하는 약물이 있으면 복용 지속 여부를 의사와 상의하는 것이 좋습니다. 이러한 약물들은 아기의 기형을 유발할 수 있어서 미리 알아두셔야 합니다.

부부의 가족력을 확인하는 것 또한 임신의 준비에 큰 도움이 됩니다. 가족력이 있는 경우에는 의사와 상담이 꼭 필요하며, 심각한 유전 질환이라면 양수 검사, 유전자 검사(Prenatal genetic screening test) 등이 필요할 수 있습니다.

마지막으로 말씀드릴 내용으로는 지카 바이러스입니다. 2016년부터 유행한 지카 바이러스에 감염된 경우, 아기에게 소두증을 일으킬 수 있다고 하여 발생 국가를 방문한 후에는 임신을 6개월간 미루는 것을 권유하고 있습니다.

부부가 서로를 알아보는 시간이 끝나면, 다음 순서는 더 건강한 임신을 위해서 산부인과를 한 번 방문하는 것입니다.

병원마다 약간의 차이는 있을 수 있으나, 산전 검사를 위해 산부인과 외래에 방문하면 여러 가지 검사를 진행하게 됩니다. 임신을 이미 확인한 임신 초기 때도 검사가 가능하며, 일부 검사는 보건소에서도 하실 수 있습니다.

키, 몸무게, 혈압측정, 혈액검사 (일반 혈액검사, 신기능 검사, 간 기능 검사, 혈액형 검사, 풍진검사, 간염검사(항원, 항체), 매독검사, 에이즈 검사) **소변검사, 자궁경부암 검사, 초음파 검사 등**

건강한 임신을 위해 먼저 산부인과를 찾으시는 똑똑한 '예비맘'이 되시길 바랍니다. 검진과 초음파 보는 것이 부담이 되시면, 자궁경부암 검사 일정에 맞춰서 산부인과 진료를 함께 보시는 것도 좋습니다.

참고

신경관 결손 (Neural Tube Defect)
1000명당 0.9명 정도로 발생하며, 심기형에 이어 2번째로 많은 태아의 구조적 기형이다. 선천성 심기형과 마찬가지로 어떤 신경관 결손은 특이 변이(mutation)와 연관되어있다고 알려져 있다. 이를 예방하기 위해서 미국 연방 보건부 자문기구인 예방의학특별위원회(US. Preventive Services Task Force)에서는 임신 전부터 엽산 400~800ug을 매일 복용할 것을 2009년에 권고하였다.

엽산 (Folic acid)
과일에 풍부하게 존재하며, 비타민B9, 비타민의 일종으로 태아의 혈관과 신경 발달에 중요하다.

지카 바이러스 (Zika virus)
숲모기를 통해 전염된다. 우간다에서 처음 발견됐던 지카 바이러스는 2014년에는 태평양을 건너 프랑스령 폴리네시아와 이스터 섬, 2015년에는 중앙아메리카, 카리브 해, 남아메리카까지 확산되는 등 범유행의 수준에 이르렀다. 현재로서는 지카 열병이 바이러스에 감염된 산모에게서 난 신생아의 소두증과 관련되었을 수 있다고 본다.

체질량지수(BMI)
신장과 체중을 이용하여 체중을 객관적인 지수로 나타낸 수치로, 몸무게를 키의 제곱으로 나눈 것이다. 몸무게 (kg)/키x키(m) 체질량지수가 25 이상일 경우 비만, 23 이상일 경우 과체중으로 본다.

9주 전

임신 준비,
어디서 해야 해

이른 아침 일어난 지 얼마 안 되어 졸린 눈을 비비고 있는 나에게
그녀가 다가왔다. 그녀의 해맑은 미소가 무언가 나에게 바라는 게 있는
표정임을 직감적으로 느꼈다.

"그런데 여보... 산부인과 어디로 다녀야 해?
자기가 근무하는 병원은 너무 멀어서 다니기 쉽지 않을 것 같은데?"

내가 새로이 옮겨서 근무하는 곳도 분만을 하는 병원이지만,
거리가 멀어서 오라고 할 수가 없었다.

'내가 다니는 곳에서 진료 보면 참 좋을 텐데...'

산부인과 의사라고 모든 지역에 있는 산부인과를 다 알 수는 없다.
특히나 집 주변 산부인과에 대해선 전혀 아는 바가 없었다.
모른다고 말하지는 못하고 와이프에게 자유권을 주기로 하였다.

"자기에겐 선택의 자유가 있어!!! 아무데나 가면 되는 거야!!!
인터넷에 찾아보면 엄마들이 많은 카페가 있을 거야. 거기에 가입한 다음,
그곳에서 추천하는 곳에 가면 돼~."

...

"남편님... 내가 이러려고 산부인과 의사,
이 예쁜 남편이랑 결혼했나 자괴감이 매우 들어..."

"알았어... 내가 잘못했어... 내가 조금만 찾아보고 알려줄게..."

"자. 인터넷 검색하기에 앞서 우리의 니즈needs를 알아보자!"

"일단 아직은 임신을 한 게 아니고 나도 평일은 출근해야 하니깐 토요일 진료를 볼 수 있는 곳이 좋을 것 같아."

개인의 상황 및 근무 형태를 고려하여 평일 진료가 가능한지 확인합니다. 평일 진료가 힘들다면, 심야 진료를 하는 곳인지, 주말 진료를 하는지도 병원 선정에 키포인트 중 하나입니다.

참고로, 임신 중에는 직장에서 임산부 정기 건강진단을 받는 시간을 보장하도록 되어있습니다. (근로기준법 제74조 및 제11조)

"I got it! 그리고 자기는 나이도 아직 많지 않고 특별히 진단받은 병이 없으니깐 검사를 위해 대학병원은 갈 필요는 없을 것 같다고 난 생각해. 자기 생각은 어때?"

"나도 대학병원보다는 조금 가깝고 편리한 곳에 가고 싶기는 한데..."

본인이 고위험 임신에 해당되는지 알아봅니다. 최근 고령 산모가 증가하고 있어서 대부분의 병원에서 문제없이 잘 진료가 되나, 다른 질병을 가지고 있는 경우 다른 과와의 협진이 필요한 경우가 있기 때문에 대학 병원급에서 진료를 해야 할 수도 있습니다.

고위험 산모 (출처 :대학의학회)

- **산모의 나이가 19세 이하이거나 35세 이상인 경우**
- **본인이나 직계가족의 유전적 질환이나 선천성 기형 병력**
- **임신 중 감염** : 풍진, 수두, C형 간염, 매독, HIV, CMV 등
- **흡연을 하거나 알코올에 중독된 경우**
- **과도한 저체중 또는 비만인 경우**
- **산모가 Rh- 혈액인 경우**
- **다량의 자궁근종이나 자궁기형이 있는 경우**

- **임신에 영향을 미칠 수 있는 내과적 질환을 동반하고 있는 경우** : 당뇨, 고혈압, 심장 질환, 간질, 신장질환, 갑상선 질환, 자가 면역 질환 등
- **임신에 영향을 미칠 수 있는 약제를 장기 복용하는 경우** : 간질약, 면역억제제, 항응고제 등
- **과거 임신력 또는 출산력 상 다음에 해당하는 경우** : 기형아 또는 염색체 이상 태아의 임신, 반복적 유산 또는 조산, 조기 진통, 임신중독증, 임신성 당뇨

"왜? 뭐 다른 거 고민되는 게 있어?"

"아 괜찮을 것 같긴 한데, 그래도...
출산할 때 위험하고 산모도 죽고 그런 것 아냐?
자기가 전공의 수련하는 동안 그런 이야기 많이 해줬잖아..."

"출산 자체가 위험하긴 하지.
사실 산모는 행복한 주체이긴 하지만 몸이 여러 가지 면에서 많이 바뀌니깐...
출산 당시의 출혈, 응급수술의 급박함, 태아 사망 등은
겪어보지 않은 사람들은 모를 거야, 정말..."

"그럼 대학병원에 가야 하는 것 아냐?"

"하지만 대부분의 건강한 산모는 특별한 일 없이 순산하니깐
미리 걱정할 필요는 없어!"

2016년도 모성사망자수 34명, 출생아 10만 명당 8.4명 (출생아수 40만 6천2백 명)
2015년도 모성사망자수 38명, 출생아 10만 명당 8.7명 (출생아수 43만 8천4백 명)
모성사망비는 25~29세가 가장 낮고 40세 이상이 15.7명으로 가장 높음.
OECD 국가 간 모성사망비 비교 시 OECD 평균 6.8명에 비해, 한국은 8.4명으로 높은 수준임

* 모성사망비는 신생아 10만 명당 산모의 사망률을 계산한 비율

출처: 통계청 2016년 사망원인 통계 결과

"여보! 일단 집에서 가깝고 토요일 진료 볼 수 산부인과를 먼저 가보자.
초음파 및 산전검사는 기본 검사니깐 웬만하면 다 될 거야.
그리고 만약에 임신을 시도하다가도 안 되면
'난임 전문병원'을 알아보자."

여성의 나이가 35세 이전일 때는 1년간의 정상적인 성생활 후에도 임신이 안 되면, 35세 이후일 때는 6개월간의 정상적인 성생활 후에도 임신이 안 되면, 난임 전문병원 진료를 고려해보세요. 그 외에도 부부에게 다른 질병이 있다면 더 일찍 진료를 보시는 것도 나쁘지 않습니다.

"대학병원엔 환자도 많아서 대기시간도 길거든.
오래 기다리면서 기초검사들을 하기엔 너무 힘들지 않겠어?!"

"알았어~ 일단 찾아보고 말해줄게. 빨리 씻고 출근 준비해~"

'아내는 여의사에게 진료를 볼 것인가? 아니면 남자 의사에게 진료를 볼 것인가...'

남자 의사인 나로서 매우 궁금한 사항이었지만 차마 묻지 못하고 씻으러 욕실로 들어갔다.

앞으로 최소 10개월간 다녀야 될 병원을 고르는 것은 쉬운 일이 아닙니다. 산모와 아기 모두의 건강을 책임지고 관리해주는 믿음직한 의료진이 있는 병원을 택하는 것은 집에서 쓰는 청소기나 냉장고를 고르는 것과는 전혀 다른 이야기일 것입니다.

병원을 고르는 방법에 정석은 없습니다. 일종의 서비스를 선택하는 것이기 때문에 개인의 가치관이 많이 반영될 수밖에 없습니다. 제가 생각해본 병원 선정의 고려사항은 다음과 같습니다.

병원 선정의 고려사항

0. 예비 산모의 건강상태 (출산력, 기저질환, 가족력, 나이 등)

1. 병원과의 거리

1. 진료에 가용 가능한 시간

1. 개인적 선호도 (대학병원, 전문병원 등)

1. 평판

1. 여의사 진료 여부

* 0순위를 제외한 나머지 우선순위는 개인별로 다를 수 있습니다.

의료인이 아닌 일반인은 개인의 건강상태를 고려해보아도 결정이 힘들 수 있습니다.

'갑상선 질환이 있어서 약을 먹으니깐 대학병원을 가야 할까?'
'자궁근종 수술을 예전에 했지만 자연분만이 하고 싶은데 할 수 있을까?'
'생리가 불규칙해서 2~3 달마다 하는데 난 괜찮은 건가?'

제가 생각해보는 모범정답은 바로! 이것입니다.

잘 모르겠으면 산부인과에 방문해서 산부인과 선생님과 상의를 해보십시오.

여성으로서 산부인과 방문이 쉽지 않을 수 있습니다. 그렇기 때문에 많은 여성들이 인터넷에서 정보를 습득하고 있습니다. 하지만 인터넷에서 얻는 정보는 개개인에 맞춰진 상담이 아니고, 검사를 기반으로 하지 않아서 정확할 수가 없습니다. 가까운 산부인과에 방문하여, 본인의 현재 상태에 대해 검사한 뒤에 임신 후 다니게 될 병원을 상의 및 결정해도 늦지 않습니다.

일반 병원이냐 대학병원이냐. 그것이 문제로다

작은 병원이라고 분만을 하기가 힘들다거나, 수술을 하는 과정에 문제가 있는 것은 아닙니다. 대부분의 분만병원도 일정 수준 이상의 진료를 볼 수 있기 때문입니다. 병원의 규모가 크면 클수록 응급에 대처하는 능력은 올라가는 반면, 친절도나 편의성은 떨어지게 됩니다. 반대로 병원의 규모가 작으면 작을수록 산모의 요구에 충분히 귀 기울이며 친절할 확률이 높으나, 응급한 상황에서 자체적으로 대처할 수 없는 경우가 있습니다.

예를 들어, 분만을 하고 나면 아주 강한 자궁수축이 발생해서 출혈이 멎게 되는데, 일부 산모에서 자궁수축이 안 되는 경우가 있습니다. 이러한 경우 여러 가지 방법으로 상황에 대처해야 하는데 자궁 내 장치를 통한 지혈, 자궁적출술, 자궁동맥 색전술 등의 방법을 이용하고 있습니다. 자궁 내 장치를 이용하거나 자궁적출술의 경우에는 분만이 가능한 병원에서 시행 가능하나, 동맥 색전술(Uterine artery embolization)의 경우에는 대개 영상의학과 협진이 가능한 대학병원급에서만 시행할 수 있습니다.

하지만 드물게 일어나는 이러한 경우를 대비하여 무조건 대학병원에서 진료를 보는 것은 무리입니다. 그리고 일반 분만병원에서도 출혈이 심한 경우 신속한 대처로 대학병원으로 전원을 보내주기 때문에 그러한 위험성 하나만 보고 결정하는 것은 무의미하다고 생각합니다. 개인의 상태 및 상황, 비용, 거리, 어떠한 내용에 중점을 두는지를 신중히 고민한 후에 정하시면 될 것 같습니다.

여자 의사? 남자 의사?

요즘엔 어느 병원에 가더라도 산부인과 여의사가 많아져서 여의사에게 진료를 보시는 데에는 전혀 어려움이 없습니다. 산모의 입장에서는 좋은 소식이라고 생각합니다. 하지만 병원에 따라서 야간에는 남자 선생님만 당직 서는 곳이 있어서 '응급하게 진행된 분만'에서 남자 선생님께 분만을 받을 수도 있다는 점은 참고하시면 좋습니다.

8주 전

산모 기초검사를 받자!

"여보, 우리 아기 가지기 전에 기초검사는 받아볼까?"

"어떤 검사들?"

"피도 뽑고, 초음파도 보고, 자궁경부암 검사도 하고.."

"꼭 해야 하는 거야?"

"나중에 임신하고 검사해도 되긴 하는데...
이상이 있으면 임신 전에 교정하면 좋지.
산부인과 가본 적 없어?"

"응"

"그럼 이번에 한 번 가보자. 너무 걱정하지 말고~"

"알았어.."

임신 전에 하는 산전 검사와 임신 초기에 시행하는 검사는 거의 겹치므로 이번 장은 '임신을 준비하는 맘'과 '예비맘'께서 보시면 도움이 될 겁니다.

참고로, 보건소에서도 다양한 모자보건사업이 진행되고 있습니다. 본인의 지역에 해당하는 보건소 정보를 꼭! 확인하시기 바랍니다.

업무명	대 상	내 용
임산부 및 임신 전 검사	종로구 거주 및 직장이 종로구 소재인 가임 여성	●모성검사(CBC, 빈혈, 혈액형, 성병(VDRL, HIV), B형 간염, 소변) * 분만 전 마지막 달 검사는 분만 병원 이용
임신 반응 검사	① 가임여성 ② 임산부	●가임 여부 확인 검사(소변)
임신성 당뇨 검사	임신 24~28주	●임신성 당뇨 조기 발견 ●검사 절차 : 2시간 공복 후 내소 → 포도당 복용 1시간 후 혈액검사

현재 종로구 보건소에서 시행 중인 '모자보건사업' 중 일부

산부인과 의사이기에 앞서 저도 한 여자의 남편이기 때문에 아내가 산부인과 초기 검사를 받을 곳을 정해야 했습니다. 제 선택에 있어서 가장 중요한 것은 아내의 근무시간이었습니다. 때문에 보건소에서 받을 수 있는 혜택은 많았지만, 시간 상의 문제로 병원으로 가게 되었습니다.

개인의 휴가나 보건소 위치에 따라서 활용법은 무궁무진합니다. 예를 들어, 결혼 전이나 결혼 후 바로 보건소에서 검사를 받고, 출산 준비하며 산부인과 진료를 보면서 재검사를 하는 등의 방법이 있습니다.

보건소에서 검사 가능한 시간대 | 오전 9시~오후 5시 30분

임신 전 후의 기본검사는 병원마다 조금씩 다를 수 있습니다. 질병이 있어서 검사한다기보다는 검진에 가까운 개념이어서 병원마다 추천하는 검사가 있을 수 있기 때문입니다. (예, vitamin D)

아내의 임신 초기 검사 결과는 정상이었습니다. 본인과 가족의 검사 결과를 기다릴 때 초조한 마음이 드는 것은 의사여도 어쩔 수 없는 것 같습니다.

검사에 대해서 하나씩 알아보겠습니다.

병력 청취 (월경력, 과거 병력)

산부인과에 가면 많이 물어보는 질문 중에 하나가 '생리를 규칙적으로 하세요?'인 것 같습니다. 산부인과 검진을 할 때 월경 및 출산에 관한 정보는 매우 중요하기 때문입니다. 하지만 산부인과에 가신 적이 없는 '예비맘'의 경우에는 긴장이 되어 힘들어하시는 경우도 보았습니다. 미리 생각해보고 가시면 진료 보시는데 편하실 것입니다.

임신을 한 적이 있는지
유산을 한 적이 있는지
출산을 한 적이 있는지
이전 임신에서 문제가 없었는지
출산한 아기는 건강한지

그 외에도 '예비맘'이 가지고 있으신 질병에 대해서 알려주시면 맞춤식 검사가 진행될 수 있습니다.

고혈압이 있는지
갑상선 질환이나 당뇨가 있는지
간질이 발작한 적이 있는지
유전질환이 있는 가족이 있는지

일반 혈액검사 (Hemoglobin)-피검사

일반 혈액검사를 통해 빈혈 유무를 확인하게 됩니다. 여성의 철 결핍성 빈혈의 흔한 원인은 과다월경입니다. 평소 생리양이 조금 많으신 분들은 빈혈인 경우가 많고, 그런 분들은 철분을 보충하는 게 좋습니다. 임신을 하면 생리를 하지 않아 초기에는 오히려 혈색소가 늘어납니다. 하지만 주수가 지날수록 태아가 철분을 많이 사용하면서 산모에게 빈혈이 오게 됩니다.

풍진 혈청검사-피검사

풍진은 아기에게 기형을 초래할 수 있기 때문에, 피검사를 통해 풍진 항체가 '예비맘'의 혈액 내에 존재하는지 확인합니다. 결과에 따라서 예방접종을 권유받을 수도 있는데요. 단, 예방접종을 하고 나서는 일정 간격을 두고 임신을 시도해야 하기 때문에 예방접종을 받기 전에 반드시 의사와 상담을 하셔야 합니다.

간염검사-피검사

산모가 간염(hepatitis) 바이러스에 대한 항체와 항원이 있는지 검사하는 혈액검사입니다. 간염검사에는 A형, B형, C형이 있는데, B형 검사는 필수적으로 시행합니다. 산모가 B형 간염 보균자일 경우 출산 전후로 산모의 체액이나 혈액에 노출되어 신생아가 감염되는 이른바 '주산기 감염'의 위험이 높아집니다. 따라서 분만 후 신생아 감염 예방조치가 필요합니다.

매독 및 AIDS 검사-피검사

혈액검사를 통해 산모의 HIV 감염 및 매독 감염 여부를 확인합니다. HIV는 신생아에게 수직 감염될 위험이 높고, 매독의 경우에는 기형 및 유산 등의 가능성이 있어서 반드시 치료해야 합니다.

소변검사

소변검사를 통해서 단백뇨나 방광염 여부에 대해서 알아볼 수 있으며, 소변에서 당이 발견되면 추가적인 검사가 진행될 수 있습니다.

자궁경부암 검사

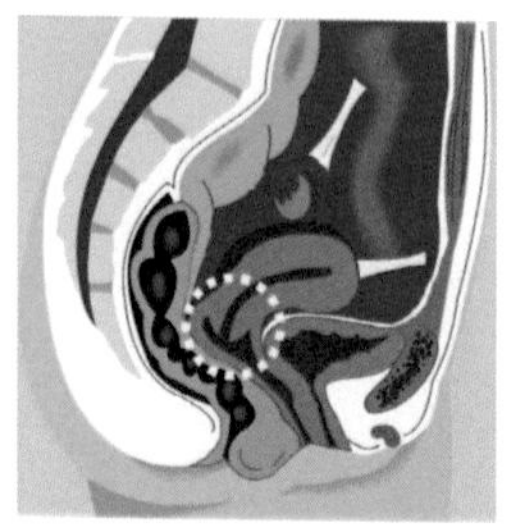

노란색 원이 그려져 있는 부분이 자궁경부(cervix of uterus)입니다.

자궁경부암 검사는 피검사가 아니라 자궁경부의 세포를 채취하여 검사를 시행하므로, 등을 대고 누운 채 다리를 벌리고 검사합니다(전문 용어로 '쇄석위 자세'라고 합니다). 사람에 따라서는 이런 자세로 남자 의사에게 검사 받는 것이 불편할 수도 있으므로 자궁경부암 검사를 받기 전에 여의사에게 진료를 받고 싶은지 미리 고려하시는 게 좋습니다. 검사 시에는 자궁경부에 이상이 있는지, 만져지는 복강 내 종괴가 있는지를 검진합니다. 이 검사에서 상당수 여성들이 불편함을 느끼는 것 같습니다. 마음의 준비를 하고 진료를 보시러 가시길 권유합니다.

초음파검사

임신을 준비하는 여성들의 초음파 검사에서 관찰되는 영상입니다.

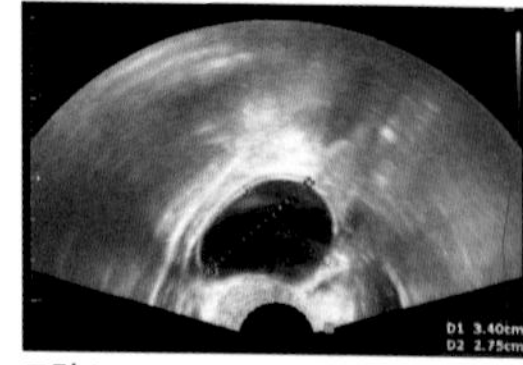

그림 1

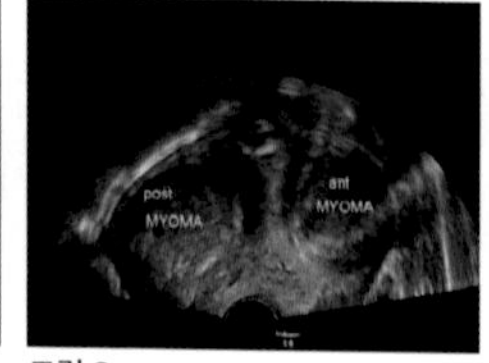

그림 2

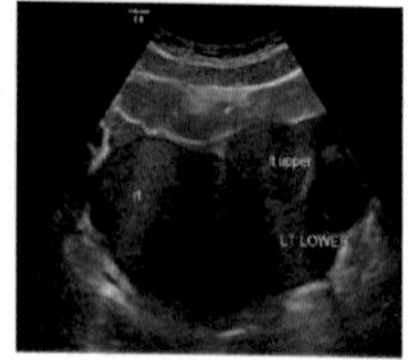

그림 3

그림 1. 양성종양 (Benign ovarian cyst)
그림 2. 자궁근종 (Myoma uteri)
그림 3. 자궁내막증 (Endometriosis)으로 인한 다수의 자궁내막종(multiple endometrioma)

초음파 검사는 자궁근종이나 자궁 용종이 있는지, 난소에 혹이 있는지 확인할 수 있는 간편하면서도 정확도가 높은 검사입니다. 비용은 병원마다 천차만별이오니 꼭 미리 확인하고 가시기 바랍니다. 자궁근종, 자궁 용종, 난소의 자궁내막종 여부에 따라 난임에 대한 접근방법이 바뀔 수 있어 필수적으로 시행하는 검사입니다.

초음파는 일종의 음파(sound wave)이며, 우리가 들을 수 있는 주파수 20Hz~20,000Hz를 넘어선 음파입니다. 초음파의 경우 X-ray나 CT와 달리 방사선 피폭이 없어서 태아를 관찰하기에 용이합니다.

하지만 검사 결과의 정확성이 시술자의 능력에 따라 좌우되기 때문에 타 병원에서 시행한 검사는 100% 신뢰하지 않습니다. 그래서 초음파의 경우엔 기존의 자료를 참고하되 다시 검사하는 경우가 많지요.

"초음파 찍고 왔는데 또 찍어야 하나요?"라는 질문엔 "네…"

초음파를 통해 자궁과 나팔관, 난소 형태와 위치를 살펴보게 됩니다. 방법에는 질식 초음파와 복식 초음파, 음순을 이용한 초음파 방법이 있습니다만, 가장 많이 이용하는 방법은 복식 초음파(Transabdominal USG)와 질식 초음파(Transvaginal USG)입니다. 쉽게 설명하면, 산모의 태아를 보듯 배를 통해서 보면 복식 초음파이고, 아기가 나오는 길(산도), 즉 질(Vagina)을 통해서 보게 되면 질식 초음파입니다.

임신하지 않은 여성이나 태아가 작아서 복부로는 관찰이 어려운 10~12주 이전의 산모들은 질식 초음파를 이용하는 경우가 많습니다. 그리고 20주 이후에도 자궁경부를 확인하기 위해서 질식 초음파를 관찰할 때가 있습니다.

일반 여성 환자의 경우, 복부 초음파로 검사를 시행할 수도 있지만, 하복부 지방으로 인해서 복식 초음파가 쉽지 않을 때가 많고, 질식 초음파가 훨씬 선명하기에 질식 초음파를 사용하게 됩니다.

단!!! 성경험이 없는 여성의 경우에는 처녀막(hymen) 손상의 가능성이 있어 질식 초음파로 접근을 시도하지 않습니다. 이런 경우 항문을 통해서 자궁과 난소를 관찰하게 되는데, 보통 질식 초음파보다 더한 불편함을 호소하곤 합니다.

지금까지 산부인과에서 시행하시게 될 산전검사에 대해서 알아보았습니다. 내용을 쉽게 풀어쓰려고 노력했는데 100% 이해가 되지 않으실 수도 있습니다. 병원에 방문하시어 문의하시면 각 병원의 선생님들께서 친절하게 상담을 해주실 것이라 믿습니다.

7주 전

남자도 준비해?

"여보. 자기는 뭐 특별히 준비할 거 없어?"

"난 항상 '스탠바이'입니다."

"음… 그렇단 말이지? 뉴스 기사 봤어??
요즘 남자 정자수가 40년 만에 60%나 급감했다는데??"

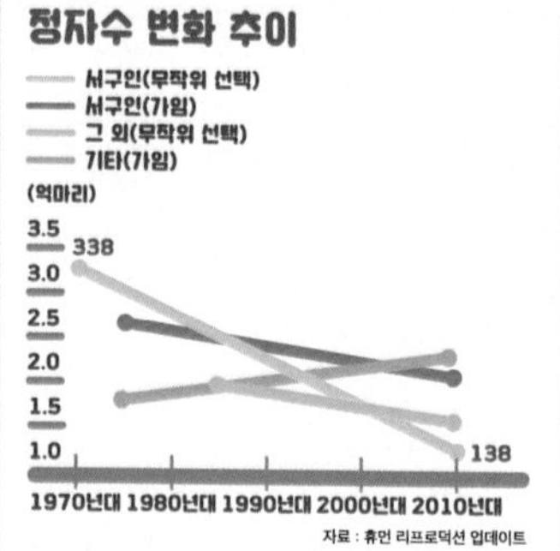

'아… 아내가 무섭다…'라는 생각이 들 정도로
와이프가 임신에 관심을 가지기 시작하였다.

"안 그래도 메인에 떴더라? 그건 무슨 표정이야? 나 못 믿어??"

"음…."

아내는 정체불명의 표정을 지으며 방으로 들어갔다.

임신 준비는 여자만의 몫은 아니죠. 임신은 부부가 함께 하는 것이고, 난자와 정자가 만나야 하는 것이니까요! 이번 내용은 임신을 준비하는 아내를 위해 '사랑해주는 것' 이상으로 해주고 싶은 남편들을 위해 준비했습니다.

난임은 남자의 몫도 있다

과거에는 여성의 불임에만 관심을 두고 남성의 불임은 상대적으로 흔하지 않은 원인으로 보았습니다. 하지만 난임 커플의 20%가 남성에 의한 불임이고, 20~40%의 다른 원인들 또한 남성이 중요한 인자로 여겨집니다. 남성 불임의 원인은 매우 다양하지만 원인을 알 수 없는 경우가 많습니다. 남성 불임은 크게 4가지 범주로 나누게 됩니다.

1) **호르몬의 장애 (시상-뇌하수체의 장애)** : 스테로이드 복용, 치명적인 질환, 만성 영양 결핍, 뇌수막염과 같은 감염, 비만, 폐쇄성 수면무호흡증
2) **1차성 생식선 장애** : 염색체 질환, 정계정맥류*
3) **정자 수송의 장애**
4) **원인불명 (40~50%)**

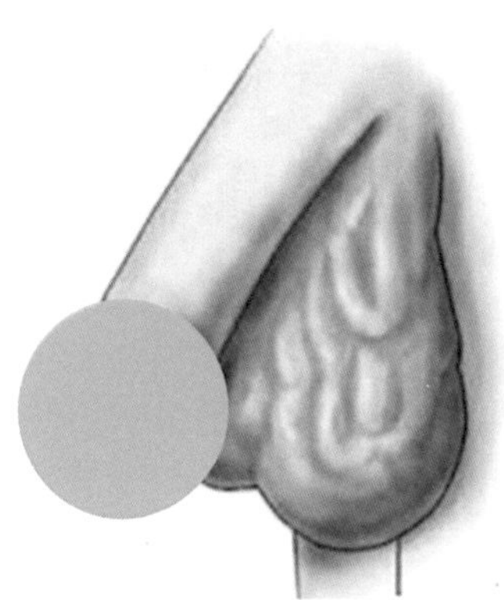

Grade 3 Dubin and Amelar

***정계정맥류** : 정계정맥류가 심한 경우 눈으로 관찰할 수 있습니다.

임신을 준비한다면 비뇨기과 진료를 보는 것을 권유합니다.

남자 정자 수 40년 만에 60% 급감

얼마 전 1973년부터 2011년까지 약 40년 사이에 남성의 정자수가 유의미하게 감소했다는 뉴스 보도가 있었습니다. 뉴욕의 마운트 시나이 의과대학 논문을 인용한 이 보도는, 공해물질 등의 영향으로 '서구 남성'들의 정자 수가 감소했으니 남성의 건강 악화에 대해 "긴급 주의를 촉구한다"는 내용이 골자였습니다.

현재 원인이 명확하지는 않지만, 몇몇 발표에 따르면 출생 전 화학물질 노출과 성인이 된 이후 살충제 노출, 담배, 스트레스와 비만 등이 정자 감소 요인으로 추정된다고 합니다.

이번의 발표와 예전의 발표들을 고려해보면, 담배를 줄이고, 스트레스 유발 요인에서 벗어나고, 체중을 관리하며, 규칙적인 식사를 하면 어느 정도 도움이 된다는 것을 알 수 있습니다. 흡연자의 난임 위험은 비흡연자에 비해 22%나 높다고 알려져 있고, 술 또한 난임을 높이는 요인입니다.

"뻔한 말이지만 건강하게 사세요. 운동하시고요. 술 담배 줄이시고요!"

예전부터 핸드폰 사용, 흡연, 술, 커피, 체질량 지수 등에 따른 정자의 질(quality)에 대한 연구는 많이 이루어지고 있었습니다. Davoudi(2002), Fejes(2005) 등의 연구에서 밝힌 바에 의하면, 핸드폰을 5일 이내, 6시간 이상 사용한 경우 정자의 운동성이 떨어지고, 핸드폰 사용 시간이 늘어날수록 운동성이 감소한다고 발표하였습니다.

정자의 수가 적다고 임신이 안 되는 것은 아닙니다. 정자는 보통 하루에 1~2억 마리가 생성되며, 한 번 사정할 때 총 정자의 수가 4000만 마리 이상 배출되면 정상 범위로 간주됩니다. 그렇기 때문에 정자 수 감소를 너무 두려워하실 필요는 없습니다. 하지만 건강한 생활패턴을 가지도록 노력하는 것이 중요합니다.

남자는 70살에도 정정하다고?!

남성은 폐경하는 여성과 달리 생애에 걸쳐 정자를 계속 생산해내지만, 나이가 들수록 가임력(fertility)은 떨어집니다. 정액의 양, 정자의 운동성, 정상 형태의 정자 수는 나이가 들수록 감소하거든요. 한 연구에서는 해마다 정액의 양이 0.03ml 줄어들고, 정자의 숫자는 해마다 -4.7%씩 감소한다고 발표하였습니다. **나이가 들수록 임신율은 떨어지고 임신까지의 시간이 길어집니다.** 물론 지금까지의 데이터로 보았을 때, 그러한 남성 요인들은 여성 요인보다는 상대적으로 적게 기여하는 것으로 보입니다. 하지만 나이가 많을수록 새로운 염색체 변이(Achondroplasia and Alpert, Waardenburg, Marfan syndrome, X-linked disease 등등), 정신분열증, 자폐증 등이 후손에서 나타날 위험이 올라가고, 유산의 위험 또한 약간 증가하는 것으로 알려져 있습니다.

"정자도 젊을수록 정정하다!"

남자가 하면 좋은 것은?

1. 비만 남성의 경우 식이요법과 운동을 통해 점진적으로 체중을 줄여나가면 정자수와 남성호르몬을 증가시킬 수 있는 것으로 알려져 있습니다.

2. 담배는 정자 DNA에 산화 데미지를 입힐 수 있어서 금연을 권고합니다.

3. 과음은 정자에 독성이 있으니 적정량의 알코올 섭취를 권장합니다.

4. 과용량의 카페인 섭취 또한 좋지 않습니다.

5. 그 외 Vitamin C, E, Coenzyme Q10(CoQ10), Glutathione, 오메가 3 지방산, 아연+엽산과 같은 항산화물질 또한 도움이 될 수 있습니다.

결국은 건강 관리를 잘하면 됩니다. 건강하게 먹고, 건강하게 지내면 되겠습니다. 아내가 임신 준비를 하며 복용하는 엽산이나 비타민, 남편도 같이 먹는 건 어떠신가요?

6주 전

비타민 먹어야 해?

"여보 여보 여보 여보 여보 여보~"

"음...... 왜...........?"

"여보~ 있잖아 엽산은 매일 먹는 건 알겠는데
다른 건 안 챙겨 먹어도 돼?"

"밥만 잘 먹으면 돼~"

"그래도 다른 사람들은 비타민도 먹고 한다던데··· 안 먹어도 돼?"

"병원에 가서 비타민 달라고 해서 사 먹으면 돼~"

···

"아···. 여보 정말 그러기 있긔? 없긔? ㅡㅡ^ (빠직)? "

"비타민, 특히 엽산은 꼭 챙겨 먹어야 되고
철분과 엽산이 포함된 비타민을 챙겨 먹으면 도움이 될 수 있지~
특히 지금은 임신 준비기간이니깐 챙겨 먹는 게 좋을 것 같아.
엽산과 철분 이외의 비타민의 효과는 명확하지 않긴 해.
무엇보다 중요한 것은 식사지!!"

"아 그럼··· 비타민도 비타민이지만,
오늘은 딸기가 당기니까 딸기 먹자!!!"

"알았어~ 오늘 퇴근할 때 사 올게.
앞으론 식사할 때도 골고루 먹도록 신경 쓰고~"

결혼하면 바로 임신을 계획하던 예전과 달리 요즘은 임신을 사회적, 경제적인 이유로 미루는 경우가 많습니다. 임신 계획 없이, '임신하면 비타민을 챙겨 먹어야겠다.'는 결심은 생각보다 어렵고, 효과가 적을 수 있습니다. 보통 '월경을 안 하네? 임신했나?' 싶어서 임신 테스트를 하는 경우가 많은데, 그러면 월경 예정일 1~2주 후에 임신을 확인하게 됩니다. 특히나 생리가 불규칙한 분들은 예측하기가 더 어려워서 2~3달 후에서야 임신을 했음을 알게 되는 경우도 드물지 않습니다. 월경 예정일 1~2주 후라면 별로 긴 시간이 아닌 것 같지만 보통 아기 주수로는 3~4주가 되며, 아기가 이미 형성되기 시작한 시기이기 때문에 이때부터 엽산을 복용하는 건 다소 효과가 적을 수 있습니다.

임신을 계획 중이라면 비타민의 복용도 고려해보자

임신을 계획한다면 임신 전부터 건강한 식단을 섭취하며 엽산이 포함된 멀티비타민을 복용하는 게 좋습니다. 아쉽게도 이러한 임신 전 멀티비타민 복용에 대해서 밝혀진 바에 따르면 철분과 엽산이 포함된 제형을 제외한 나머지는 유산과 사산 등을 예방하는 효과는 없는 것으로 알려져 있습니다.

임신성 구토를 예방하는데 도움이 된다

하지만 임신 전부터 비타민을 잘 복용한다면, 임신성 구토를 예방하는데 도움이 될 수 있습니다. 메스꺼움 및 구토의 치료는 예방으로 시작됩니다. 두 연구에서 '임신 초기에 종합 비타민제를 복용한 여성들이 구토가 적음'을 발표했습니다. 임신(수정) 3개월 전부터 임신 6주까지 복용한 종합 비타민은 메스꺼움과 구토 증상의 발생률과 심한 정도를 줄이는데 도움이 될 수 있습니다.

아이들에게 영향을 미칠 수도 있다는 연구결과가 있다

더 나아가 어느 한 연구에서는 '임신 전과 임신 초기에 멀티비타민을 먹으면 주의력결핍/과잉행동장애의 발생 위험을 낮춰줄 수도 있다'고 발표하기도 했습니다.

과유불급

過猶不及

하지만 비타민과 같은 영양소 보충제와 관련해서는 '과유불급過猶不及'을 잊지 말아야 하겠습니다. 정도를 지나침은 미치지 못함과 같다는 뜻이지요. 지용성 비타민 A, D, E, K 등은 수용성과 달리 체내 축적이 되고, 비타민 A 같은 경우 과한 섭취는 아기의 기형도 일으킬 수 있습니다. 담당의사 혹은 약사와 상담 후 본인의 식단을 고려하여 적절한 양을 복용하시길 권유합니다.

이전 신경관 결손(Neural tube defect)등의 아기를 출산한 경험이 있는 경우에는 꼭 산부인과 의사와 상의하여 고용량의 엽산을 섭취하여야 합니다. 일반적으로 시중에 판매되는 비타민 상품으로 부족할 수 있습니다.

임신 중의 음식 섭취와 건강관리가 임신 전의 관리보다 더 중요한 것은 명백한 사실입니다. 편식 및 불규칙한 식습관으로 인해 비타민이 부족하다면 비타민제의 보충이 임신을 준비하는데 도움이 되리라고 생각합니다. 비타민제가 완벽하게 영양소를 공급하는 것으로 생각하기보다는 건강한 식단의 보완 및 보충원으로 생각하시면 더욱더 좋겠습니다.

번외편

남자 산부인과 의사의 기록들

요즘 같은 저출산 시대, 노령화 시대에 남자 산부인과 의사가 되었다는 사실은 때론 자부심으로, 때론 절망감으로 다가옵니다. 많은 친구들이 저에게 묻습니다. 아니 모든 사람이 물어봅니다.

남자인 네가 왜 산부인과 의사를 해?

많은 산모 및 환자분들이 여자 의사를 선호하는 경향이 있는 것 같습니다.

그러게요… 왜 했을까요?

저는 청운의 꿈을 안고 서울 소재의 대학 병원에서 인턴으로 근무를 시작하였습니다. 3월부터 12월까지, 10개월 동안 원하는 과에서 수련을 받으면서, 여러 과 선생님들에게 많은 것을 배우며, 여러 분의 좋은 선생님들을 만났습니다. 비록 인턴에 불과했지만 심장이 터질 것처럼 긴장감 있게 수련받은 적도 있었습니다.

처음으로 인턴을 돌게 된 산부인과에서는 아무것도 모른다고 매일 혼나고, 새벽에 졸린 눈을 비비고 일어나서 항암환자의 수액 라인을 잡고, 수술방에서 꾸벅꾸벅 졸면서 하루하루를 보내고 있었습니다.

여느 날과 마찬가지로 수술장에 들어간 저는 암 수술을 받게 될 환자의 옆에서 수술 준비를 하고 있었습니다. 수술을 겪어본 분들은 아시겠지만, 수술장에 오면 대부분의 의료진은 본인의 업무를 하느라 수술장에 누워있는 환자를 케어해줄 수 있는 사람은 많지 않습니다. 그러다 보니 어느새 환자의 심박동수는 120이나 되었고, 높은 심박수로 인한 마취과 기계의 높은 음 소리가 수술방을 채우고 있었습니다. 왜 그랬는지 모르겠지만, 그때 저는 환자의 손을 잡고서 한마디 건넸습니다.

수술 잘 될 거예요. 너무 걱정하지 마세요.

마취약이 들어가서 그런 것인지, 위로의 효과 때문인지 알 수는 없었지만, 심박수는 서서히 떨어져 100 미만까지 내려왔습니다. 수술은 별 문제없이 잘 끝났고, 환자도 특별한 문제없이 잘 퇴원하였습니다.

산부인과에서는 산모와 관련된 진료뿐만 아니라 여성의 장기(자궁, 난소, 질, 음순 등)의 암 또한 진료를 합니다. 수련 받았던 병원에서는 암의 진단부터 수술, 항암치료까지 시행하는 것은 물론이거니와 마지막 임종까지 지켜보는 경우가 많았습니다. 인턴 때 새벽에 수액 라인이 빠졌다고 다시 잡아달라는 콜을 받고 갔을 때 환자의 표정은 완전 울상이었습니다.

안 아프게 해주세요.

환자분들은 장기간의 항암치료로 혈관이 많이 손상되신 분들이 대부분이었습니다. 혈관을 찔러도 피가 잘 나오지 않아 새벽만 되면 수액 라인 때문에 고생하시던 그분은 서러움과 통증에 제 앞에서 눈물을 뚝뚝 흘리시곤 했습니다. 항암제로 사라져 간 머리카락을 대신해주던 그분들의 머리 두건과 하염없이 떨어지던 눈물이 제 기억 속에 아직도 남아있습니다.

비켜요!!

다른 과에서 인턴 수련을 받던 어느 날, 엘리베이터를 기다리고 있던 저의 앞으로 많은 사람들이 베드를 밀고 가고 있는 모습을 보았습니다. 한 명의 의사는 베드 위에 타고 있었고, 그 외 다른 몇 명은 베드를 밀고 있었습니다. 나중에 알게 된 사실이었지만, 제대 탈출*이었습니다. 급박한 상황을 옆에서 보고 있던 저는 왜 그런지 모르게 심장이 두근두근 거렸습니다. 인턴 친구를 통해 들은 이야기로는 특별한 문제없이 수술이 진행되어 아기와 산모 모두 건강했다고 들었습니다.

인턴을 마무리하며 과를 결정해야 할 때, 한 여성의 '요람에서 무덤까지'를 책임지는 산부인과가 정말 매력적으로 보였습니다. 물론 지금도 여전히 그렇다고 생각합니다. 그래서 다른 산부인과 선생님들과 상의도 없이 혼자 결정했습니다.

***제대 탈출증(탯줄 탈출증, cord prolapse)**

: 태아의 탯줄이 자궁경부가 열리면서 공간을 통해 산도로 나오는 것

할 거야. 난 메이저(Major)과 할 거야!! 그래 너로 결심했어!!!**

항상 힘들고, 다른 과에 비해서 수입도 많지 않고, 소송에 휩싸인다는 소문이 돌아 흉흉하지만 그래도 '생명의 탄생과 여성의 생로병사'를 다루는 과라는 사실만으로도 충분히 보람을 느끼고 있습니다.

워낙 희소한 존재다 보니 많은 친구들의 결혼 후 임신 관련 문의는 항상 제 몫입니다. 친구들에게 알려주던 정보들을 다른 산모님들께도 공유해드리면 좋을 것 같아서, 임신 10주 전 준비부터 출산 후 6주까지라는 내용으로 글을 써 보기로 결심하였습니다. 일천한 글솜씨로 쓰고 있지만 따뜻한 눈으로 봐주시면 감사하겠습니다. 현재 연재 중인 글은 forhappywomen.com 에서 확인하실 수 있습니다.

**메이저(Major)과

: 일반적으로 진료과 중 내과, 외과, 산부인과, 소아과를 말한다.

5주 전

맥주 한 잔만 마실게

'삐삐-삐삐-스르륵'

퇴근 후 문을 열고 들어온 아내의 어깨는 조금 처져있었다.

"오늘 회사에서 힘든 일 많았어?"

"그때 말해줬던 이상한 사람 있잖아.
그 사람이 오늘 회사에서 업무 이렇게 할 거냐고,
왜 제때 제때 안 내냐고 구박을 하더라고!
제시간에 맞춰서 갔는데 그때 본인이 자리에 없어서 어쩔 수...
샬라 샬라 샬라... ... 그 사람 진짜 싫어! 아 열 받아!"

씩씩대며 투덜거리는 아내의 모습은 참... 사랑스러웠다 ♡

"자기가 진짜 고생이 많았네.
내가 회사는 안 다녀봤지만 그 사람은 진짜 별로인 듯!
열 받는데 시원한 맥주에 치킨이나 시켜 먹을까?
크아~ 시원한 맥주 어때?!"

맥주란 소리에 입꼬리가 귀에 걸릴 만큼 올라가다
문득 임신 준비 중이란 사실이 떠오른 아내는 다시 시무룩해졌다.

"아.. 그런데 임신 준비 중인데 맥주 마셔도 되는 거야??"

평소 맥주를 좋아하는 아내는
생기지도 않은 아기를 위해 맥주를 끊은 지 1달이 넘었다.

"이번에 생리 시작한 거지??"

"응. 이번엔 생리한 걸 보니 임신이 안됐나 봐. ㅠ_ㅠ "

"괜찮아~. 우린 아직 시도한지도 얼마 안 됐고, 한 잔 정도야 뭐!!
임신 중에는 먹으면 안 되지만 아직 임신도 아니고, 생리 중이니까 괜찮아!
아기도 중요하지만 자기의 스트레스 해소가 더 중요하지 않겠어?"

"아싸 ~♡, 그럼 씻고 올 테니 시켜줘~"

"시켜.. 줘?... 알았어... 시켜놓을게... (시무룩 ㅠ_ㅠ)"

임신을 준비할 때는 임신 확률을 높이기 위해서 담배를 끊는 것, 체중을 조절하여 BMI를 20~25 사이로 유지하는 것, 한 주에 술의 섭취를 네 잔 이하로 제한하는 것, 하루 카페인 섭취량을 250mg 미만으로 제한하는 것을 권장합니다. 하지만 이러한 라이프스타일의 변화가 임신이 더 잘 되도록 한다는 확실한 연구 결과는 없습니다.

커피와 카페인

커피뿐 아니라 초콜릿, 녹차, 홍차, 콜라 등에도 카페인이 함유되어 있습니다. 시중에서 파는 커피들은 브랜드, 상표, 상품마다 카페인 함류량이 다르지만 보통 음료의 경우 50~200mg의 카페인을 함유하고 있습니다. 녹차, 홍차, 초콜릿, 콜라 등을 추가로 먹지 않는다면 커피 한 잔 정도는 크게 문제 되지 않는다고 생각합니다.

임신 전 맥주의 섭취

치킨과 맥주는 환상의 궁합입니다. 치킨을 위해 맥주를 마시기도 하고, 맥주를 마시고 싶어 치킨을 먹기도 하지요. 하지만, 임신을 준비한다면 둘 다 조금 삼가는 것도 좋습니다

맥주에 대해 조금 더 알아볼까요? 내분비 교과서(Clinical gynecologic Endocrinology and infertility 8th edition)에 의하면 과음이 아닌 이상 임신 전 술의 섭취는 유산이나 사산의 위험을 올리는 근거는 없다고 합니다. 반면 한 덴마크의 연구에서는 술을 전혀 안 먹는 여성들과 매주 1~5잔 정도의 술을 마시는 여성군, 10잔을 초과하여 마시는 여성군을 비교하였고, 술을 먹는 여성은 술을 전혀 마시지 않는 군에 비해 유의미하게 임신 가능성이 감소되었다고 발표하였습니다.

술은 기형 유발 물질인 에탄올을 함유하고 있다

```
    H   H
    |   |
H - C - C - O - H
    |   |
    H   H
```

화학 시간에 봤던 에탄올의 구조식

맥주와 소주 등 술에 함유된 알코올은 강력한 기형 유발 물질입니다. 임신 중의 섭취는 단 한 잔도 권유하지 않습니다. 알코올에 대해서 안전 노출농도 및 기간은 알려져 있지 않으나, 임신 중 섭취하게 되면 '태아 알코올 증후군'이 발생하는 위험이 증가합니다. 이러한 증후군은 정신적, 신체적 결함을 동반합니다.

그럼 술을 먹지 말아야 되는 것인가?

건강을 고려했을 때 어느 누구도 술을 먹으라 권장하지는 않습니다. 마찬가지로 임신을 준비할 때도 기본적으로 권하지는 않습니다. 하지만 월경이 시작되고 배란이 되기 전까지는 아직 정자와 난자가 만나지 않았으니, 약간의 음주는 괜찮다고 생각합니다. (수정 이후에도 일정량의 음주를 하고 뒤늦게 발견하는 경우도 많이 봤습니다. 물론 다들 아무 문제없었습니다.)

맥주 안 마셔도 스트레스받지 않고, 임신이 안 되는 게 더 큰 스트레스라면, 단 한 잔의 맥주, 아니 단 한 방울의 알코올도 마시지 마십시오. 반대로, 한 주의 힘든 일정이 끝났을 때 맥주가 없는 게 너무 스트레스가 된다면 배란하기 전에는 조금 먹어도 되지 않을까 생각합니다. (하지만 정답이 아닐 수 있습니다.)

꼭 마시고 싶다면! 한 잔의 맥주를, 생리 후 배란하기 전에 마셔요!

* 생리가 불규칙한 분들은 간혹 착상혈이 마치 생리혈처럼 비칠 수 있습니다. 임신테스트기 사용을 권장합니다.

* 난임치료를 받고 계신 분은 담당의와 상의하여 마시면 좋겠습니다.

* 임신 중에는 단 한 잔의 맥주도 권하지 않습니다. '크아~' 안 됩니다.

* 다른 의사 선생님들과 의견의 차이가 있을 수 있습니다.

4주 전

나의 젊음을 함께한 속옷들... 안녕...

오늘도 평소처럼 1시간의 수영을 마무리하고 샤워실로 나왔다.
샤워기 거울 앞에 서서 앞머리를 넘기며 생각했다.

'음… 역시 좀 멋있는 듯, 역시 남자는 올백머리'

물론 일시적인 착각이었으리라…
얼른 정신을 차리고 운동으로 지친 몸을 풀어줄 심산으로
열탕으로 힘든 몸을 이끌고 들어갔다.

외국인들에게 말로 표현하지 못하는 열탕의 시원함…
10대 때는 미처 이해하지 못했던 '시원함'.
어느새 나는 30대가 되어 이 시원함을 만끽하고 있었다.

…

'아내가 이번에 임신이 안돼서 속상해하는 것 같던데,
어떻게 위로하면 좋을까?'하는 생각에 빠져있다가
뜨거운 온도는 정자 생성에 좋지 않다고 했던 이야기가 떠올라
열탕에서 스프링처럼 튀어나왔다.

'앗! 아무리 사소한 것이라도 최선을 다해야지!
임신이 될 때까지만이라도,
나의 2세를 위해 열탕은 다음으로 기약해야겠구나…'

열탕을 뒤로 한채 샤워기로 몸을 씻고 옷을 입기 위해 라커룸으로 갔다.

속옷을 꺼내 들고, 입기 위해 다리를 넣으려는 바로 그 순간!

'아! 삼각팬티는...
삼각팬티는 옛날 어른들이 입지 말라고 하셨는데...'

들었던 발을 다시 내려놓고, 천장을 보며 한숨을 내쉬었다.

'속옷 새로 사야겠구나...
빨리 임신이 되면 좋겠다...'

어릴 적, 사각팬티가 유행하기 시작했던 때였던 것 같습니다.

'삼각팬티를 입으면 정력이 약해진다니, 사각팬티로 바꿔 입어라.'

이런 이야기를 들었던 기억이 납니다. 정력의 개념이 아기를 잘 가지는 것이라고 단순화시키고, 산부인과 의사가 되어서 되돌아 생각해보면 틀린 말이 아닐 수도 있겠습니다. (정력의 정확한 정의는 다시 생각해보아야 할 필요가 있겠습니다만, 19금이어서 생략합니다.)

우리가 흔히 Fire egg라고 부르는 1쌍의 고환은, 음낭이라는 주머니 안에 들어있습니다. 난소와 달리 고환은 출생 전후로 복강을 벗어나 음낭 안에 위치하게 됩니다. 이러한 위치적인 요인에 덧붙여, 음낭에는 피하지방이 존재하지 않기 때문에 고환은 체온에 비해 저온을 유지하게 됩니다. 연구결과에 따라서 조금씩 다르지만, 이러한 저온상태에서 고환 세포의 활동성이 높다고 알려져 있습니다.

시원하게 해주기 위해서 사각팬티만 입어야 할까?

꼭 그렇지는 않을 것 같습니다. 교과서에 의하면, 정상 정자 생성은 음낭의 낮은 온도가 필요하지만, 약간의 온도 증가, 예를 들면, athletic supporters를 입는 것은 괜찮은 것으로 알려져 있습니다.

담배, 비만, 핸드폰, 술은 정자에게 안 좋아요!

사실 정액의 질(quality)적인 측면에서 보자면 온도뿐만 아니라 다양한 요인이 작용합니다. 흡연, 술, 커피, 핸드폰 사용, 체질량지수(BMI)등이 영향을 미치는 것으로 잘 알려져 있습니다. 그중 특히 비만은 정자 생성에 안 좋은 영향을 미치는 것으로 알려져 있습니다.

사각팬티와 음낭의 온도

다시 사각팬티와 음낭의 온도에 대해서 이야기해보겠습니다. 1998년의 한 발표에 의하면 사각팬티와 일반 팬티를 비교했을 때 고환의 온도에는 차이가 없었다고 합니다. 반면 2013년에 발표한 폴란드의 한 연구에 의하면 사각팬티를 입은 남성들은 정액의 양이 그렇지 않은 남성들에 비해 유의하게 많았고, 정자의 기형과 DNA 손상이 적었다고 합니다. 또한 사우나를 이용했던 남성들에게서 비정상 정자가 많이 관찰되었습니다.

최종적 통계의 다중 비교(Multiple comparison) 결과 사우나는 큰 의미가 없는 것으로 밝혀졌지만 사각팬티와 정자, 정액과의 사이에는 유의미한 관계가 있음이 드러났습니다. 사각팬티를 입을수록 정자의 기형이 적고, 정자의 양이 많았다는 것입니다.

사각팬티, 오각 팬티와 도깨비 팬티

사각팬티를 입든, 오각 팬티를 입든, 도깨비 팬티를 입든 무슨 상관이 있겠습니까? 이번에 찾아본 논문은 수많은 논문 중 일부이기 때문에 정설이거나 법칙이라고 할 수는 없습니다. 의미 있는 결과라고 해도 '통계'라는 점을 잊지 말아야 합니다.

하지만 어떤 선택을 하든지 상관이 없다면, 이론적으로 나은 선택지를 고르는 것이 좋다고 생각합니다. 아주 미세한 차이가 있을지라도요. '진인사대천명'이라는 말이 있듯이, 작은 노력이라도 최선을 다해보는 것이지요.

진인사대천명盡人事待天命

정자의 질과 양은 임신을 위해서 중요하다고 생각합니다. 임신 준비는 여자 혼자 하는 것이 아닐 뿐만 아니라, 난임은 특히 부부 모두의 문제입니다. 함께하면 더욱더 쉽게 풀어갈 수 있습니다.

임신을 준비하고 있는 아내를 위해서 대부분의 남편들은 무엇을 할지 잘 모릅니다. 이 글이 건강한 아기를 임신하고 출산하기 위해 노력하시는데 조금이나마 도움이 되면 좋겠습니다.

참고로 전 도깨비 팬티를 입습니다. ^^

*** 남성의 난임 원인은 다양하므로, 본문의 내용대로 하는 것만이 정답은 아닙니다.**

*** 적절한 부부관계에도 불구하고, 1년 이상 (여성 나이 35세 이상은 6개월 이상) 임신이 되지 않는 경우는 난임 병원의 전문적인 진료를 권유해 드립니다.**

3주 전

휴가 어디로 갈까?

TV를 보고 있던 아내가 날 지긋이 쳐다본다.
모른척하며 보고 있던 TV에서 눈을 떼지 않았다.

'절대 쳐다보지 않으리라…'

…

조금 후 예상대로 아내가 말을 꺼냈다.

"여보! 우리도 이번 휴가에는
비행기 타고 외국에서 놀다 오자!!"

아내가 사랑스러운 눈빛을 보낼 때에는 합당한 이유가 있는 것 같다.

"응. 알았어. 가자~"

"자기는 어디 가고 싶어?"

"나야 '여보가 가고 싶은 곳'에 가고 싶지^^"

"베트남 다낭? 아기 가지기 전에 마지막으로 여행 다녀오면
참 좋을 것 같아. 요즘 핫하대!"

"응. 그곳이 상당히 Hot했지!!
그리고 지카 바이러스 때문에도 Hot 하지!"
(실제로 많이 발병하는 곳은 아닙니다 ^^;;)

"그게 무슨 말이야? 지카 바이러스?"

"2016년부터 전 세계적으로 유행하고 있는 지카 바이러스라고
임신 전과 임신 중에 걸리면 아기의 머리가 작아진다고 알려져 있어."

"작아진다고? 그러면 좋은 거 아냐?"

"연예인처럼 얼굴이 작아 보이는 게 아니라 머리가 병적으로 작아져서,
문제가 생기는 거야.
일단 가고 싶은 나라를 여러 군데 찾아봐.
난 지카 바이러스 위험지역을 알아볼게~"

지카 바이러스(ZIKV)와 임신 준비

지카 바이러스는 1947년 우간다 지카 숲(Zika forest)의 히말라야 원숭이 혈액에서 발견되었고, 1952년에 인체감염 사례가 처음으로 보고 되었습니다. 지카 바이러스에 감염이 되면 대부분 경미한 증상만 겪으나 2014년 브라질에서 지카 바이러스 감염과 연관되어 4000건의 소두증이 보고 되었고, 2017년 2월까지 총 76개국에서 보고 되었습니다. 이에 세계 보건기구(WHO)는 2016년 2월 지카 바이러스(Zika virus, ZIKV) 감염에 대한 국제보건 비상사태를 선포하였습니다. 현재 우리나라에서는 지카 바이러스가 4군 법정 감염병으로 지정되어 있습니다. 2017년 3월 기준으로 국내 여행객이 많은 동남아시아지역 (말레이시아, 필리핀, 싱가포르, 대만, 베트남 등)에서는 자국 내 발생 및 전파가 보고 되었고, 발생국가 수도 계속해서 증가 추세입니다.

나라	소두증과 태아 기형 건
브라질	1683건
카보베르데	9건
콜롬비아	13건
프랑스령 폴리네시아	8건
마르티니크	6건
파나마	5건

지카 바이러스와 연관된 소두증과 태아 기형 발생건수

법정 4군 감염병

국내에서 새롭게 발생하였거나 발생할 우려가 있는 감염병 또는 국내 유입이 우려되는 해외 유행 감염병으로 흑사병, 황열, 뎅기열, 조류인플루엔자 인체감염증, 신종인플루엔자, 중증 급성 호흡기 증후군 (SARS), 중동호흡기증후군 (MERS)이 여기에 속한다.

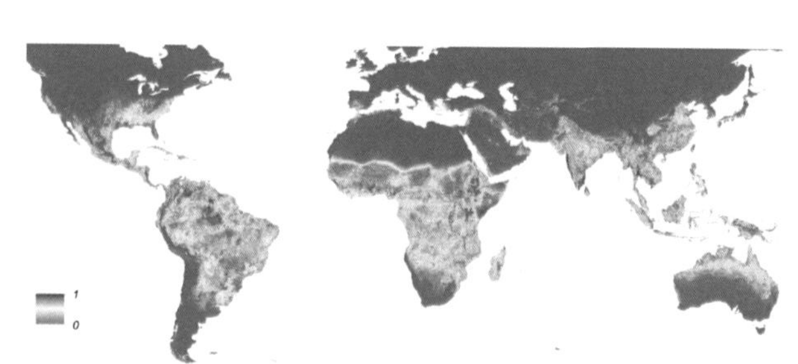

이집트 집모기의 분포

2015년에 지카 바이러스가 태아 감염을 일으킬 수 있음이 발표되었고, 2016년 1월엔 브라질 과학자들이 지카 바이러스(ZIKV)가 여성의 태반을 통과할 수 있음을 확인하였습니다. 그리고 여러 연구를 통해 지카 바이러스에 감염된 산모는 소두증 혹은 두뇌의 이상을 가진 아기를 출산한 사실을 확인하였습니다. 지속적인 연구로 '임신 중 수직감염은 태아에게 심각한 신경계 손상을 초래할 수도 있다'는 결론을 내리게 되었습니다. 하지만 안타깝게도 치료제는 현재 없는 상태이며, 바이러스에 대한 백신은 외국과 한국 모두 개발 중에 있습니다. (2017년 7월 13일 질병관리본부 발표 기준)

소두증(小頭症, microcephaly)

소두증 또는 작은 머리증(-症)은 신경 발달 장애의 하나이며, 중요한 신경계 장애의 징후이나, 정해진 정의는 없다. 소두증은 통상 머리둘레가 나이와 성별의 평균에 비해 2 표준편차 이상 낮은 경우로 정의한다. 일부에서는 나이와 성별의 평균에 비해 머리 둘레가 3 표준편차 미만인 경우로 정의하는 것을 옹호하기도 한다.

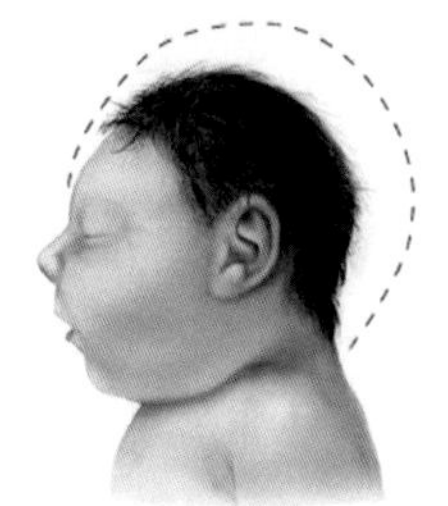

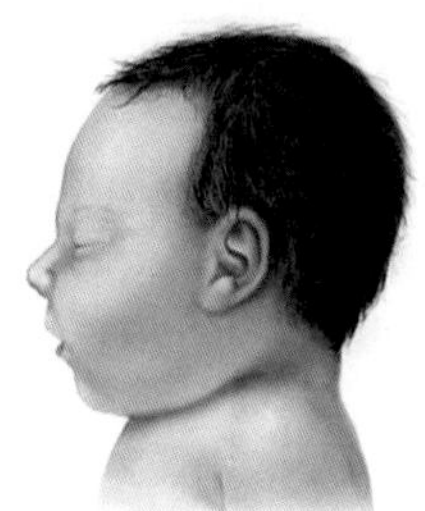

출처 : 위키피디아

그럼 어떤 나라를 여행 가야 할 것인가?

이런 질문에는 항상 정답이 없는 것 같습니다. 모기에 물리지 않으면 괜찮다고 긴팔, 긴 바지, 모기 기피제까지 전신에 바르고 가면 여행의 재미가 반감되지 않을까요? 현재 발생지역이 아니라고 해서 앞으로도 발생하지 않으라는 보장도 없습니다. 그러니 현 상황에서 가장 적절한 선택지를 찾으려고 노력해야겠습니다.

지 역	최근 발생 국가	과거 발생 국가
아시아	몰디브, 싱가포르, 인도네시아, 태국, 방글라데시, 캄보디아, 라오스, 말레이시아, 필리핀, 베트남, 인도	
중남미	가이아나 공화국, 과들루프, 과테말라, 그레나다, 니카라과, 네덜란드령 보네르·세인트유스타티우스·사바, 네덜란드령 신트마르텐, 네덜란드령 아루바, 네덜란드령 퀴라소, 도미니카공화국, 도미니카 연방, 마르티니크, 멕시코, 영국령 몬트세랫, 미국령 버진아일랜드, 바하마, 바베이도스, 베네수엘라, 벨리즈, 볼리비아, 브라질, 수리남, 세인트 빈센트그레나딘, 세인트 루시아, 세인트 키츠네비스 연방, 아르헨티나, 엔티가바부다, 에콰도르, 엘살바도르, 영국령 버진아일랜드, 영국령 앵귈라, 영국령 케이맨제도, 영국령 터크스가이코스 군도, 온두라스, 자메이카, 코스타리카, 콜롬비아, 쿠바, 트리니다드토바고, 파나마, 파라과이, 페루, 푸에르토리코, 프랑스령 기아나, 프랑스령 생마르탱, 아이티	
북미	미국 (플로리다 주 Miami-Dade County (Miami City 포함), Broward County, Pinellas County, Palm Beach County 및 텍사스 주 Cameron County)	

오세아니아	마셜제도, 마이크로네시아, 사모아, 솔로몬제도, 통가, 파푸아뉴기니, 팔라우 공화국, 피지	쿡제도, 프랑스령 폴리네시아, 프랑스령 뉴칼레도니아, 바누아투, 미국령 사모아
아프리카	기니비사우, 앙골라, 카보베르데, 가봉, 세네갈, 부르키나파소, 부룬디, 카메룬, 중앙아프리카 공화국, 코트디부아르, 나이지리아, 우간다	

지카 바이러스 최근 발생국가 및 과거 발생국가(WHO)

발생국가는 지속적으로 추가 및 변경되고 있습니다.

아래 표는 우리나라에서 지카 바이러스 감염으로 확진된 환자들의 분포입니다. 여행한 사람들 중 무증상 환자 혹은 증상이 경미하여 모르고 지나간 사람을 고려하면 훨씬 더 많을 것으로 생각됩니다.

여행지	국내 감염 환자수
필리핀	8명
베트남	4명
태국	3명
몰디브	1명
기타	5명
기타 : 브라질, 도미니카공화국, 과테말라, 푸에르토리코, 볼리비아	

여행지별 국내 감염 환자수. '모히또에서 몰디브'는… 다음 기회로 해야겠습니다.

출처: 2016년 지카 바이러스 감염증 사례 보고, 한국 질병관리본부

모기만 물리지 않으면 괜찮나요?

그렇지 않습니다. 지카 바이러스 감염증은 증상 여부와 상관없이 남성에서 여성으로, 그리고 여성에서 남성으로 성관계에 의해 전파가 가능합니다. WHO는 성매개 전파를 예방하기 위해 발생국가에 다녀온 남성과 여성 모두 6개월간 금욕 또는 콘돔과 같은 방법을 이용한 피임을 지속하도록 권고하고 있습니다.

남성 혼자 위험지역을 다녀온 경우에도 6개월 동안 피임을 권고
(성관계를 갖지 않거나 콘돔과 같은 차단법)

유행 지역에 여행 다녀왔습니다. 임신은 언제쯤 해도 되나요?

지카 바이러스는 수혈이나 성접촉에 의해서도 감염된 바가 보고되었습니다. 현재까지의 연구로는 피임 기간이 확실치 않아서, 귀국 후 최소 6개월 동안 임신을 연기하도록 권고합니다. 혈액 내 바이러스가 사라진 이후에 임신을 한 경우에는 태아 감염이 없는 것으로 알려져 있습니다.

참고로 임신부의 경우 아래 조건에 부합하면 증상 여부와 관계없이, 가급적 빨리 검사를 시행하도록 권고합니다.

---

① 지카 바이러스 감염증 발생국가 방문 또는 거주

② 감염자 또는 발생국가 방문자와 성 접촉

③ 지카 바이러스 감염증 발생국가에서 수혈한 경우

④ 산전 진찰을 통해 태아의 소두증 또는 뇌 석회화증 의심

아직 국내 임산부 감염 증례는 없다고 합니다. 최근 미국 파크랜드 병원(Parkland hospital)에서도 '감염자를 대상으로 한 검사에서 소두증 발생은 발견되지 않았다'라고 발표하였습니다. 때문에 위험지역을 다녀왔는데 아기가 생겼다고 너무 걱정은 하지 않으셨으면 좋겠습니다. 우선 가까운 산부인과에서 상담받기를 권유해 드립니다.

질병관리본부 모바일 사이트(http://m.cdc.go.kr) 및 질병관리본부 홈페이지 (http://www.cdc.go.kr)에서 발생국가 현황을 확인할 수 있습니다. 여행을 계획하고 떠나기 전에는 꼭 확인해 보시는 것 잊지 마세요!

#태교여행 #임신 전 여행 #허니문 베이비 결정은 조금 더 신중하게!

2주 전

이번 달엔 임신이 안 됐나 봐

화장실에서 나온 아내의 표정이 심상치 않다.

생리가 규칙적이어서 항상 비슷한 날짜에 생리하는 아내라,
생리할 때가 다 되었을 것 같다는 생각이 들었다.

나에게 서서히 다가오는 아내..

바---밤. 바---밤. 밤빠 밤빠 밤빠..

"여보… 느낌이 생리인 것 같아… 그리고 조금씩 피가 나오는데?"

항상 불안한 예감은 틀린 적이 없다.

아…. 대충 설명하고 출근하다간…
퇴근할 때 집 비밀번호가 바뀌어있을 것 같은 느낌이 든다.

"생리가 시작한 것 같아?"

"응… 배도 싸하게 아픈 게 왠지 생리인 것 같아."

"생리일 수도 있고, 착상혈일 수도 있어.
아직 우리가 임신 시도를 한지 얼마 안 되었으니깐
너무 걱정하지는 말자.

한 번 시도 만에 임신이 되는 건 쉽지 않아.
우리 인간은 한 사이클(cycle)당 임신 가능성(수태 가능, fecundability)이
20%밖에 안 되는 것으로 알려져 있지.
그렇게 생각하면 사실 때를 잘 맞춰서 한다고 해도
다섯 번 중 한 번밖에 안 되는 거야."

…

"아 그래도…. 난 마음만 먹으면 될 줄 알았는데…"

"그러게.. 나도 누구보다 나의 2세에 자신이 있었는데…
얘네들이 요즘 많이 힘들었나?
이번 달도 술 적게 먹고, 커피도 적게 마시고, 운동도 열심히 할게! 여보!!!
우리에겐 다음 달도 있잖아?"

난임(infertility)을 평가하고 치료를 시작하기에 앞서 인간의 정상적인 생식 효율(normal human reproductive efficiency)을 환자들에게 설명해주곤 합니다. 이러한 설명은 매우 중요한데, 환자들이 치료 결과에 대해 조금 더 정확한 기대를 할 수 있고, 정서적 지지를 통해 부부의 스트레스를 감소할 수 있기 때문입니다.

많은 부부들이 결혼 전후(?) 여러 가지의 피임 방법으로 피임을 하고 있습니다. 부부 관계 중 콘돔이 찢어져 부득이 질내에 사정해 임신되었다는 이야기도 듣고, 응급 피임약을 먹어도 임신이 될 수 있다는 이야기도 듣다 보니 많은 부부들이 피임을 하다가 피임을 하지 않고 임신을 시도하면, 임신이 바로 될 것이라고 생각하는 경우가 꽤 있습니다.

피임에는 경구 피임약, 자궁 내 장치, 콘돔, 살정자제, 질외 사정, 주기적 금욕(PERIODIC ABSTINENECE) 등 여러 가지 방법이 있습니다.

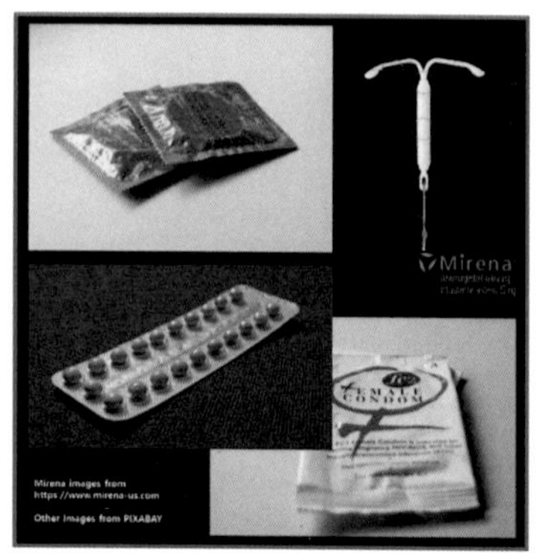

남성용 콘돔, 여성용 콘돔, 자궁내장치(미레나), 피임약

불임으로 진단받은 적이 없는 가임 부부는 1사이클당 수태능(Fecundity, 아이를 임신하는 능력)이 평균 20%이고, 부부관계를 적절하게 시간을 맞추어한다고 하여도 임신 확률이 35%를 넘지 않는 것으로 알려져 있습니다. 특별한 문제가 없고 시간이 딱딱 맞아떨어진다고 해도 1/3~1/5 밖에 안 되는 것입니다.

(수치를 보시면 알 수 있듯, 많은 부부들의 생각과는 달리 높지 않습니다. 저의 많은 친구들은 99%인 줄 알았답니다. 으이구-_ -^)

임신까지 걸리는 기간

아래 표를 보시면 '임신을 준비하는 부부가 임신까지 걸리는 기간(Time required for Conception Among Couples Who Will Attain Pregnancy)'에 대해 나와 있습니다.

임신을 준비하는 부부가 임신까지 걸리는 시간!

노출 기간	임신 확률
3개월	57%
6개월	72%
1년	85%
2년	93%

3개월 만에 임신되는 경우는 57%밖에 되지 않는다!

위 자료를 살펴보면 1년간 임신을 준비해도 15% 정도는 임신이 안 될 수 있습니다. 한 달 만에 임신을 하는 수치는 나와 있지 않지만, 3개월째 임신되는 경우가 57%이니 그 가능성이 훨씬 더 낮을 것으로 생각됩니다. 피임을 그만두는 것이 곧 임신을 의미하지 않음을 명심하고 계시면 스트레스가 적어질 것입니다.

피임중단 ≠ 임신

언제까지 기다리면 되는가?

통상적으로 정상적인 부부관계에도 불구하고 1년 이내에 (여성이 35세 이상인 경우엔 6개월 이내에) 임신에 도달하지 못할 때 불임이라 진단합니다.

그래서 일반적으로 배란 시점을 잘 맞춘 성생활을 1년간 (35세 이상 여성에게는 6개월간) 시도해보시는 것을 먼저 권유합니다. 위의 자료에서도 알 수 있듯이 상당수의 여성(85%)이 1년 내로 임신을 하기 때문입니다. 35세 이상의 여성인 경우 임신 가능성과 난소 기능의 저하, 임신 중 합병증 등의 발생을 고려하여 조금 더 일찍부터 의학적 도움을 권유해 드리게 됩니다.

직장 근무 등 사회 경제적인 이유로 인해 기다릴 여유가 없거나 빨리 아이를 갖고 싶다면 산부인과를 방문하셔서 상담을 받으시면 조금 더 좋은 방향으로 해결될 수 있습니다. 특히나 본인이 몰랐던 당뇨병이나 갑상선 질환 등을 알아낼 수도 있고, 자궁이나 난소에 있는 문제를 조금 더 일찍 확인할 수도 있습니다. 개인적으로는 임신을 마음먹었을 때 한번 방문하는 것을 권장해 드립니다.

특별히 급하지 않은 경우라면 엽산을 복용하시면서 임신을 준비하시고, 임신이 확인된 초기에 산전검사를 진행할 수도 있습니다.

임신을 기다리던 45세의 여성, 생리가 없는데 폐경인가요?

불임 시술을 수차례 시도했음에도 불구하고 임신이 안 돼서 임신을 포기하고 지내던 한 45세의 여성이 외래 환자로 오신 적이 있습니다.

"3개월 동안 생리가 없어서 그런데 혹시 제가 폐경인가요? 확인하러 왔습니다. 최근 속이 안 좋고 불편한데 폐경하면 이런 증상이 나타나나요?"

하지만 놀랍게도 초음파 검사 상 임신 10주로 확인되었습니다. 놀라운 일이지만 불가능한 일은 아닙니다. 2세를 준비하고 기다리고 있는 모든 여성 및 남성분들! 파이팅입니다.

이것은 기억하시면 좋습니다

1. 1. 특별한 질환이 없는 35세 미만 여성은 1년간, 35세 이상 여성은 6개월간 자연 임신 시도를 해보세요. 그래도 임신이 안 된다면 산부인과 진료를 권해 드립니다.

2. 생리할 때 평소와 생리 패턴이 크게 다르거나 양이 적으면 소변 임신테스트기를 사용해보는 것을 권유해 드립니다. 임신에 의해서도 소량의 질 출혈이 발생할 수 있습니다.

무월경

월경을
글로 배웠습니다

아는 여동생 : 오빠~ 혹시 생리가 불규칙한데,
산부인과 진료 봐야 하는 거야?

나 : 어떻게 불규칙해?

아는 여동생 : 한 달마다 할 때도 있고,
세 달마다 할 때도 있고 그런데...

나 : 음... 좀 불규칙하긴 하네. 산부인과 진료본 적 있어?

아는 여동생 : 아... 아니. 가기 좀 그래서 한 번도 안 가봤어.

나 : 자궁경부암 백신은 맞았어?

아는 여동생 : 응. 그건 친구들이랑 같이 맞았는데, 초음파는 본 적 없어...

나 : 그래. 일단 잘했어. 자궁경부암 백신 맞은 건 아주 칭찬해!
일시적이었다면 괜찮다고 할 수 있겠는데,
기간이 오래되었다면 한번 진료를 보는 게 좋겠는데?!!!

아래의 광고가 기억나시나요?

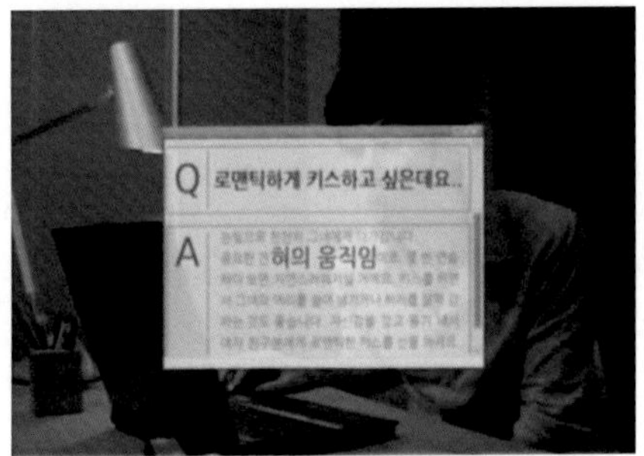

키스를 글로 배웠습니다

출처 : 네이트 광고, Youtube

아... 저도 글로 배웠습니다. (키스 말구요...) 저는 월경을 글로 배웠습니다.

모든 여성이 알고 있는 월경. 하지만 대부분의 여성들은 본인이 정상인지 알기가 쉽지 않습니다. 이번에 말씀드리는 내용은 월경을 글로 배운 남자가 설명하는 '여성의 생리'입니다.

월경(menstruation, 月經)이 무엇이냐?

月달 월, 經지날 경 menses, period

- **아기를 수태, 착상이 가능한 상태의 자궁에서 그렇지 않은 자궁으로 돌아가는 일련의 과정.**
- **자궁내막의 주기적 변화에 동반되는 자궁출혈.**
- **임신이 되지 않은 호르몬 주기에 반응하여 자궁의 내막이 탈락되어 배출되는 현상.**
- **두꺼워졌던 자궁 점막이 떨어져 나가면서 출혈과 함께 질을 통해 배출되는 생리적인 현상.**

출처 : 네이버 백과

일반적으로 사전 혹은 인터넷에서 찾아보게 되면 위의 내용을 찾을 수 있습니다. 하지만 수태? 착상? 자궁내막? 자궁출혈? 호르몬 주기? 자궁 점막? 등 낯선 단어들이 너무 많은 것 같습니다.

비유를 통해 알아볼까요?

'생리' 혹은 '월경'이라는 것은 임신을 위한 자궁내막의 준비에 부수되는 일종의 과정입니다. 임신을 준비하는 과정 동안 두꺼워졌던 자궁내막이 임신이 되지 않으면 떨어져 나가면서 배출되는 현상으로, 다음 주기에 임신을 하기 위해 이전의 자궁내막을 배출하고 새롭게 자궁을 준비하는 과정입니다. 아기가 살 집을 짓고 허무는 것을 반복하는 것이라고 표현할 수 있습니다.

벽돌집에 비유하자면, 빨간 벽돌로 아기가 살 수 있는 집을 만든 후, 아기가 생기지 않으면 만들어 놓았던 벽돌집을 허물어 버리는 과정이라 할 수 있습니다. 다음 그림을 볼까요. 두꺼워진 자궁내막은 아기가 살 수 있는 집, 월경혈은 빨간 벽돌에 비유하였습니다.

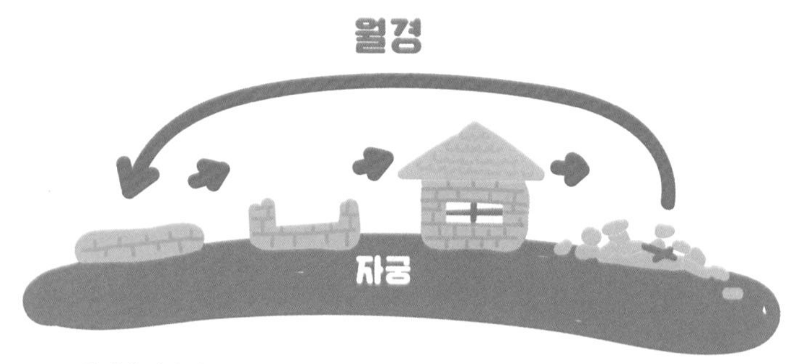

주기에 따라 자궁내막이 두꺼워지고 허물어지면서 탈락되어 배출되는 현상을 벽돌집에 비유하여 표현함.

월경의 정상범위

월경에서 산부인과 의사가 가장 신경 쓰는 것은 '월경 시작일'입니다. 외래에서는 항상 '마지막 생리 시작일이 언제세요?'라고 묻습니다. 그 이유는 월경이 시작하는 시점을 기준으로 생리의 사이클이 시작하기 때문입니다.

월경간 간격 (INTERVAL)

월경간 간격이란 생리주기를 말합니다. 쉽게 말해 이번 달 생리가 끝나고 다음번 생리가 시작할 때까지의 기간을 뜻하는데요. 생리주기의 정확한 계산법은 "생리 시작 첫째 날부터 다음 생리 전날까지"입니다. 임신을 생각하고 있다면 평소 자신의 생리주기가 어느 정도인지 파악하고 있는 게 좋겠지요.

많은 수의 여성들이 24~35일 간격으로 월경을 합니다. 단 15%의 여성만이 생리주기가 28일이라고 발표한 논문도 있는 걸 생각해보면, '한 달에 한 번 마법에 빠진다'는 것이 꼭 맞는 것은 아닐 수 있겠습니다. 그러니 이 범위를 벗어났다고 정상이 아닌 것은 아닙니다. 이 범위는 많은 수의 여성에서 관찰되는 관측값의 범위인 것이지요.

생리주기는 연령대에 따라서 조금씩 바뀌기도 합니다. 30대 초반에 가장 짧은 편이며, 폐경이 오기 2~4년 전에 그 간격은 다시 길어지게 됩니다. 하지만 생리주기가 24일보다 짧은 경우는 드물고, 24일보다 짧다면 생리가 아닌 '부정질출혈'을 생리로 착각한 경우가 많습니다. 부정질출혈은 출혈이 생리 때보다 짧거나, 길거나, 갈색혈로 비치는 등 그 양상이 다양하게 나타날 수 있습니다.

생리주기가 35일보다 긴 경우 또한 드물지만, 규칙적으로 '꼬박꼬박' 생리를 한다면 다소 안심을 해도 되겠습니다. 생리주기가 길고 불규칙한 경우에는 산부인과 진료를 받아 보시는 것을 권장해 드립니다. 하지만 생리 간격이 두 달을 넘어가지 않는 게 좋고, 두 달을 넘는 경우에는 산부인과 진료가 꼭 필요합니다.

생리가 불규칙적으로 2~3달에 1번씩 한다면 꼭 산부인과 진료를 받아 보자!!

일시적으로 생리가 불규칙하게 나타나는 것은 생활습관의 변화, 체중의 증가 및 감소, 스트레스, 약물 등에 의한 것일 수도 있습니다.

월경 기간 (DURATION)

월경 기간이 다른 분들에 비해 짧은 분들이 있습니다. 호르몬에 의해 충분하게 자궁내막이 성장하지 못한 경우, 호르몬의 불균형이 있는 경우에 의해서 발생할 수 있습니다. 이전 시술 등에 의해 자궁강의 유착에 의해서도 짧은 생리를 할 수도 있습니다.

반대로, 월경 기간이 긴 경우도 있습니다. 월경혈의 양이 많아서 출혈이 지속되고 있는 것일 수도 있고, 자궁내막 용종(Endometrial polyp)에 의해서 소량의 질출혈이 지속되는 것일 수도 있습니다. 또한 호르몬의 불균형에 의해서도 월경 기간이 길어질 수 있습니다.

생리가 2일이면 끝난다던지, 조금씩 이틀 정도 나오고 끝난다던지, 생리량이 조금씩 6일 넘도록 계속 나온다면 다른 원인이 있을 수도 있습니다. 이전과 다른 형태의 생리가 반복되면 산부인과 진료를 받아보시길 권유해 드립니다.

출혈량 (BLOOD LOSS)

출혈량은 대개 80ml 미만으로 알려져 있습니다. 하지만 보통은 그 양을 측정하지 않고 생리대로만 항상 확인하기 때문에 본인의 월경량을 모르는 경우가 많습니다. 비정상 출혈은 연령에 따라 빈도는 다르지만, 무배란성 출혈, 용종 및 자궁근종, 자궁내막증, 자궁내막암, 자궁경부암, 임신, 피임, 응고장애, 감염, 외상, 이물질 등으로 인해 발생할 수 있습니다. 이전의 생리와 양상이 달라진 경우, 출혈량이 눈에 띄게 많은 경우, 생리 이후 신체적으로 너무 힘든 경우에는 혈액 검사 및 초음파 검사가 필요할 수 있으니 산부인과 진료를 꼭 받아보시기 바랍니다.

패드나 탐폰을 매 1~2시간 마다 교체를 해야하거나, 생리양이 과다해서 일상생활이 힘든 경우, 덩어리진 혈액들이 왈칵왈칵 나오는 경우, 자다가 일어나서 패드를 갈아야 하는 경우, 7일 이상 생리하는 경우, 생리 후 어지럽고 피곤한 경우, 조금만 운동해도 숨이 찬 경우에는 출혈양이 과도한 것이 원인일 수 있습니다.

오늘은 '정상 범위'의 생리란 어떤 것인지 교과서를 통해서 알아보았습니다. 모든 여성이 겪지만, 모든 여성이 다 다르게 하는 생리! 본인의 생리가 어떠한지 알아보시는데 도움이 되었으면 좋겠습니다.

무월경 1주 차

난임의 기준은 뭐야?

"여보~ 나 궁금한 게 있어!
내가 자기보다 나이도 많고, 30살도 넘었고...
요즘 난임 부부도 많다던데 우리도 난임 부부가 될 가능성이 높은 거 아냐?
인터넷 기사에서도 난임 부부가 계속 증가하는 추세래."

"맞아. 다들 결혼을 늦게 하니깐.
게다가 요즘은 YOLO(You Only Live Once)족이 대세니깐
출산 시도 자체가 늦어지고 있잖아. 어쩔 수 없지...
그래도 요즘 평균 출산 연령을 고려하면 자기는 그렇게 늙은 건 아냐~"

" 뭐라고?!!! 늙었다고?!!!"

"아..... 그게 아니라.. 아니야, 여보!!! 일단 나이는 많지 않다고!!!
이전에도 말했다시피 문제가 없는 부부라도 임신을 하는데 1년은 걸리기도 해.
그리고 요즘은 시험관 아기 같은 난임 시술이 잘 발달해있으니까
너무 걱정하지는 마!"

"난... 시술 안 받고 싶은데... 힝..."

시대가 변하면서, 사회적, 문화적인 이유로 결혼이 늦어지고 평균 출산연령 또한 높아지는 추세입니다. 이러한 현상으로 고령 산모는 점점 늘어나고 난임으로 진료를 받고 있는 부부도 증가하고 있습니다.

건강보험심사평가원 자료에 의하면 남성 난임 환자의 수는 2010년 34,811명에서 2016년 61,903명으로 증가하였으며, 여성의 난임 환자의 수는 148,436명에서 157,207명으로 늘어났습니다. 2016년도에 출산한 아기수가 406,000명인 것을 고려하면 결코 적지 않은 숫자입니다.

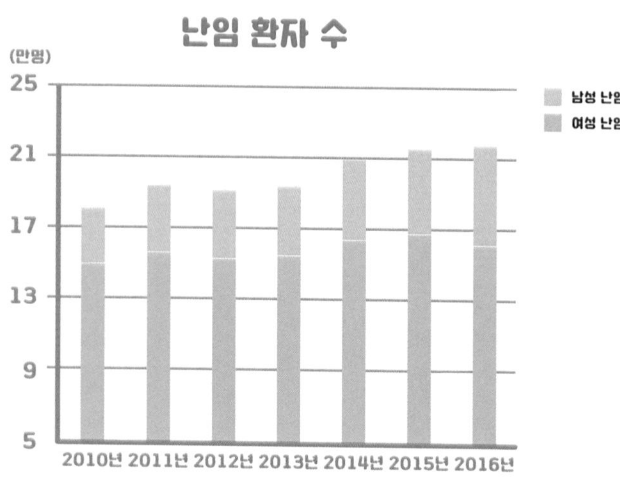

연도별 난임 환자수 (자료출처 : 건강보험심사평가원, 편집 : @forhappywomen)

2010~2016년의 자료에 의하면 난임으로 진단된 가장 많은 연령대는 30대였으며, 전반적으로 30~40대 난임 환자가 증가하는 경향이 관찰되었습니다. 이는 20대보다 30~40대에 결혼하는 케이스가 많아졌기 때문이 아닐까 생각합니다.

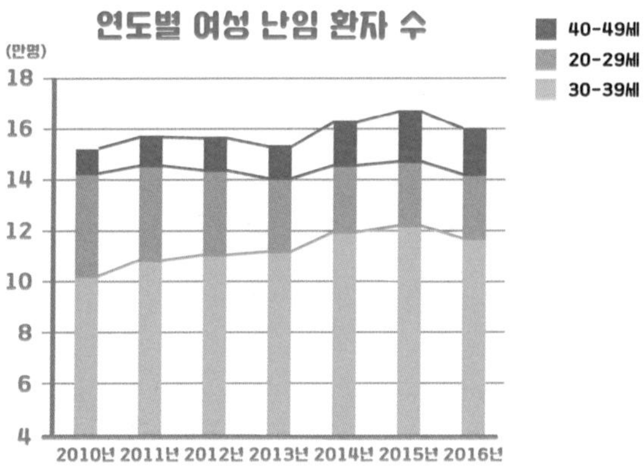

연도별 여성 난임 환자 수의 연령별 비교 (자료출처 : 건강보험심사평가원, 편집 : @forhappywomen)

여성 난임은 여성의 나이가 많을수록 늘어나는 경향이 있습니다. 아래의 그래프를 보시면, 가임력(임신을 할 수 있는 능력)은 20~24세에 가장 높고 나이가 들수록 점진적으로 감소하는 것을 확인할 수 있습니다. 20~24세에 비해 25~29세에서는 4~8%, 30~34세에서는 15~19%, 35~39세에는 26~46%의 가임률 감소가 관찰되었습니다.

유산율은 30대 이전에는 7~15%, 30~34세에는 8~21%로 약간 증가되는 경향이 확인됩니다. 하지만 35~39세에는 17~28%, 40대가 넘어가면 34~52%로 급격히 그 위험이 증가하게 됩니다.

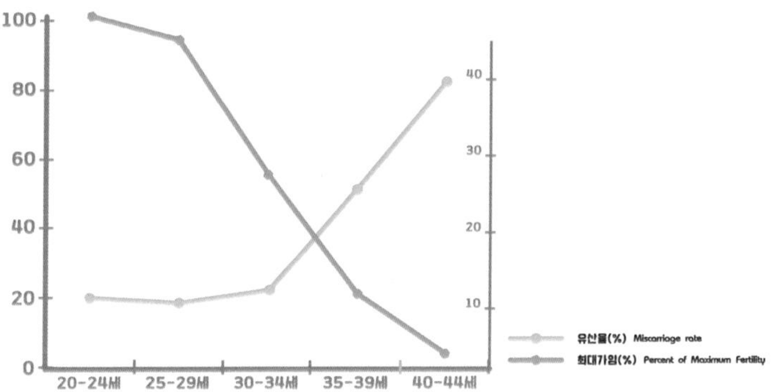

나이와 난임의 관계. 나이가 들수록 유산 가능성은 높아지고, 임신은 어려워진다.

Clinical Gynecologic Endocrinology and Infertility 8th Ed

나이가 증가함에 따라 유산율은 증가하고, 가임력은 떨어지지만, 일반적으로 85~90%의 건강한 커플들은 1년 내에 임신을 하고 대부분은 6개월 이내에 임신을 하게 됩니다. 이러한 점을 고려하면 10~15%의 커플들은 난임에 대한 진료가 필요하게 됩니다.

그럼 언제까지 기다려야 하나요?

특별한 질환이 없는 경우, 1년 이상 정기적인 성관계 후에도 임신하지 못한다면 일반적으로 난임으로 보고 있지만, 단순히 1년이라는 기간만으로 판단하지는 않습니다. 생리가 불규칙하거나, 골반염, 자궁내막증의 과거력이 있거나, 남성 정액의 질이 안 좋을 것으로 추정되는 경우에는 1년까지 기다리지 말고 더 일찍 검사하는 것을 고려해볼 수 있습니다. 여성이 35세 이상인 경우에는 6개월간 아기를 가지기 위한 노력을 했음에도 불구하고 임신이 되지 않으면 난임 검사를 권유하고 있습니다.

대다수의 글에서 여성이 35세 미만인 경우에는 정상적인 성관계에도 아이를 가지지 못한 기간이 1년 이상일 때, 35세 이상인 경우에는 6개월 이상일 때를 난임으로 보고 있습니다. 하지만 이전에 자궁내막증이나 자궁선근증, 악성종양(암), 만성 콩팥질환, 갑상선 질환, 다른 기저 병력 등을 가지고 있는 경우에는 꼭 산부인과 전문의(난임 파트)와 상의하시길 권유해 드립니다. 이러한 작은 차이가 임신에 있어서 큰 차이를 나타낼 수 있습니다.

무월경 1주 차

젊은 당신! 난소도 젊은가?

"여보~"

"왜~ 불러~ 왜~불러~♬"

"그게 언제 적 노래야....
그건 그렇고, 우리 친척 언니가 비혼을 선언했대!!!"

"요즘 그렇게 하는 사람도 있다고 하더라. 그런데 왜?"

"아니, 그 언니 엄마가 너무 걱정이시더라고. 젊을 때 아기 안 낳을 거냐고.
혹시나 나중에 결혼하고 싶어 지면 어떻게 해?
나이가 많이 들어서 임신해도 괜찮은 거야?

"괜...찮...지..."

"그건 무슨 뜻??"

"일찍 결혼하고 아기 낳으면 좋겠지만,
아기를 위해 개인의 인생을 포기하라고 할 수는 없잖아.
본인이 결정하는 거지.
산부인과에서 임신을 늦추고 싶은 여성을 대상으로
상담을 해주는 곳도 있더라구.
정 걱정이 되면 한 번 알아보시라고 말해주는 게 어때?"

"아!!! 그래야겠다~ 고마워 여봉~"

현대를 사는 우리 젊은이들, 해야 할 일은 많은데 참으로 시간은 부족해 보입니다. 일을 하기에도 바쁘고, 놀기에도 바쁘고, 여러모로 바쁜 시대를 살고 있는 것 같습니다. YOLO(You Only Live Once)란 말이 유행하는 시대에 사는 우리들의 결혼과 출산은 넘기 힘든 하나의 관문일 수도 있다는 생각이 듭니다. 2016년 통계청 발표에 따르면 우리나라의 평균 초혼연령은 남성 32.8세, 여성 30.1세이고, 서울특별시의 경우는 여성의 초혼연령이 31.0세로 조금 더 높습니다. 또한 전국의 평균 초산 연령도 32.4세라고 합니다.

더 높은 학력을 위해 많은 것을 미룹니다.

더 높은 학력을 위해, 더욱 심도 깊게 공부하기 위해서, 보다 전문적인 목표를 성취하기 위해서, 경력이 단절되는 게 싫어서, 결혼 연령이 늦어져서, 이혼과 재혼으로 인해…. 이러한 다양한 사회적, 경제적 이유로 '엄마'가 되는 일은 늦춰지고 있습니다.

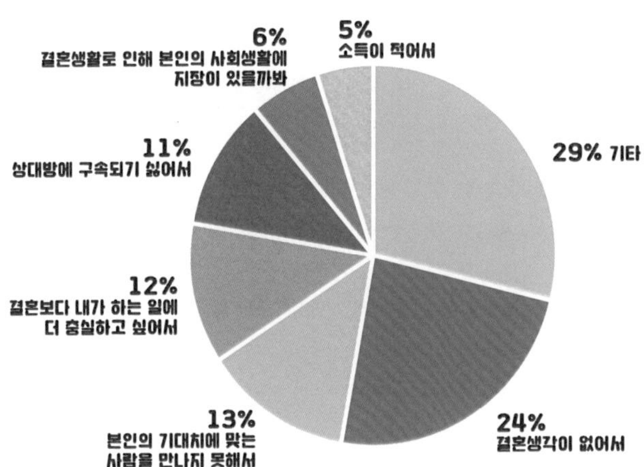

결혼 의향이 없는 미혼남녀(20~44세)의 아직까지 결혼하지 않은 이유.

출처: 한국 보건사회연구원, 전국 출산력 및 가족보건복지부 실태조사(2015)

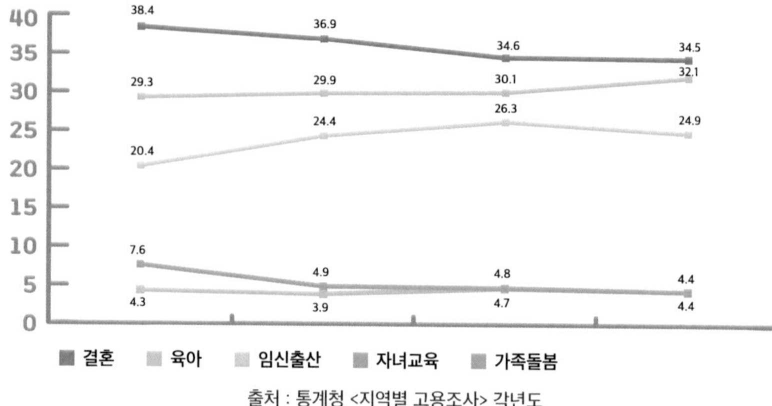

출처 : 통계청 <지역별 고용조사> 각년도

'나의 결혼 적령기'는 과연 언제일까요? 또한 '나의 출산 적령기'는 언제일까요? 정답은 없겠지만, 의학적으로 도움이 될 만한 내용을 준비해보았습니다. 아래 사항들에 해당되시는 분들은 조금 더 주의 깊게 읽어 보시면 좋겠습니다.

- **난 조금 더 싱글족으로 살고 싶어. 내 인생은 한 번뿐인데 조금 더 놀아야겠다고 생각하시는 분**
- **'결혼은 했는데 아직 육아를 할 형편이 되지 않아 2~3년 후쯤 아기를 가져 볼까?' 라고 생각하시는 분**
- **이전에 자궁내막증으로 수술을 받았던 적이 있으신 분**
- **가족 중에서 이른 폐경을 하신 구성원이 있으신 경우**
- **다른 질환으로 치료를 받고 계신 분들 (특히 악성 종양)**
- **어린 시절 백혈병 등으로 항암치료를 하여 완치가 되셨던 분**

난소에도 나이가 있나요?

초등학교, 중학교, 고등학교 생물시간에 한 번쯤 배웠던 난소에 대해서 살펴보겠습니다. 난자는 출생 당시 50~200만 개를 가지고 태어나지만, 사춘기에는 30~50만 개로 줄어들게 됩니다. 그렇지만 30~50만 개의 난자가 전부 배란되는 것은 아니며 사춘기에 월경을 시작하게 되면 난포 (난자가 있는 방)가 성장하게 되고, 그 난포들 중에서 하나가 배란하게 되는 것입니다. 결국 한 여성의 일생 중 가임기간인 30~40년 동안 400~500개 정도의 난자를 배란하게 됩니다. 한 달에 1개의 난자를 배란한다고 가정하면, 1년에 12개, 40년 동안 480개 정도의 난자가 배란된다고 할 수 있습니다. 하지만 모든 여성들이 같은 수의 난자를 가지고 태어나는 것도 아니고, 같은 시기에 폐경을 하지도 않습니다. 20대라고 난소의 기능이 괜찮고, 나이가 40대라고 난소의 기능이 저하되어 있는 것도 아닙니다. 병원에서는 난소의 기능이 얼마나 남았는지를 살펴봄으로써 간접적으로 난소의 나이를 추정하게 됩니다. 이러한 검사를 난소 예비능 검사(Ovarian reserve test) 라 부릅니다.

어떤 검사들이 있나요?

1) 혈액 호르몬 검사(Basal FSH, E2)

병원에서 쉽게 할 수 있는 혈액 검사로 생리 시작일 2~4일 (보통 3일째) 측정하게 됩니다.

ㄱ. 난포자극 호르몬 (Basal FSH)

생리주기에 따라 변동폭이 크기 때문에 한 번 높은 수치가 나왔다고 해도 그 검사값의 특이도는 높지 않습니다만, 10IU/L 보다 높은 경우에는 추후 불임시술 시 자극에 대한 반응이 낮을 거라고 예상할 수 있습니다.

ㄴ. 에스트로겐(E2)

그 자체로는 난소 기능의 검사 평가에는 유용하지 않으나 난포자극 호르몬(FSH)값의 평가에 유용합니다.

2) 혈액 AMH 검사 (Anti-müllerian hormone)

AMH는 난포 내 세포에서 나오는 호르몬의 일종으로, 나이가 들어감에 따라 서서히 감소하며 폐경이 다가온 상태에서는 발견되지 않습니다. 혈액검사의 일종이나 생리주기와 상관없이 측정할 수 있어 용이합니다.

[검사지 결과 예시]

0.81ng/mL 수검자 연령대의 [중간값 이상(median ~90th percentile) 구간]에 해당되며 44세 여성의 중앙값에 가까운 수치입니다.

[해석]

44세 여성들의 평균 혈액수치와 거의 비슷하구나.

3) 초음파 소견 (난포의 수(AFC), 난소의 크기(Ovarian volume))

초음파 검사는 산부인과에서 가장 기본이 되는 검사라고 할 수 있습니다. 산부인과를 처음 방문하게 되면 대부분 초음파를 시행하게 되며, 난소의 크기와 난포(난자가 있는 방)의 개수를 확인합니다. 난포의 수가 고갈될수록 난소의 크기(volume)는 감소하게 됩니다. 하지만 검사자 간의 차이, 월경주기마다 차이가 있고 자궁내막증 등 난소의 혹으로 인해 평가가 어려울 때도 있습니다. 부피가 3ml 미만인 난소는 호르몬의 자극에 낮은 반응을 보일 것으로 예측할 수 있으나, 크기로 평가하는 것은 효용성이 상당히 낮은 편입니다.

가임기 여성의 초음파에서 난포의 수는 한쪽 난소에서는 보통 12개를 넘지 않고, 폐경 여성에서는 난포가 거의 보이지 않습니다.

저는 난소 나이를 확인해봐야 할까요?

지금까지 설명하였던 검사들이 '난소의 나이', 즉 '난소의 예비능'을 추정하는데 도움을 줄 수 있으나, 하나의 검사로 난소 기능이 어느 정도 남았는지 평가하지는 않습니다. 대부분의 여성들은 특별한 문제없이 임신과 출산을 할 수 있으므로 비용 효과적인 측면을 고려하였을 때, '꼭 검사를 하셔야 됩니다'라고 말씀드릴 수는 없습니다.

하지만!!

여러 가지 검사 결과 및 환자가 처해있는 상황을 고려하여 임신을 계획할 경우 더 좋은 결정을 할 수 있습니다. 난소의 물혹을 제거했다거나 자궁내막증으로 인해 수술을 받았던 경우, 난소에 영향을 줄 수 있는 약을 사용한 경우, 40세 이전 조기폐경의 가족력이 있는 경우, 항암 치료를 받았고 이후 완치된 경우 등에 해당된다면, 적극적으로 난소 기능을 확인해야 하며, 그 외에도 개인적인 사유로 임신을 미뤄야 할 경우에 검사를 해볼 수 있겠습니다.

아래는 이러한 검사들이 실제 일반 여성 및 환자에게 도움이 될 수 있을만한 상황을 예상하여 구성해 보았습니다.

- **신혼을 조금 더 즐기고 아기를 3년 후쯤 가지고 싶어 하는 여성이 산부인과 진료를 받음. 난소 예비능 검사(Ovarian reserve test) 후에 아기를 빨리 가지는 게 어떻겠냐는 권유를 받고, 1년 후 임신을 시도해보기로 함.**

- **자궁내막증으로 이전에 난소 수술을 받은 적이 있었고, 한쪽 난소가 상당히 많이 소실되었다고 들어 산부인과 진료를 받음. 난소 예비능 검사(Ovarian reserve test)를 하고 빨리 아기를 갖는 것이 좋겠다고 권유를 받음.**

- **어머니가 39살에 조기폐경(40살 이전에 폐경이 됨) 된 병력이 있어, 산부인과 진료를 받음. 난소 기능이 좋지 않을 것이란 이야기를 듣고 남편과 상의하여 둘째를 조금 더 일찍 가지기로 함.**

- **어렸을 때 백혈병으로 항암치료를 받았고 완치를 판정받아 특별한 문제없이 잘 지냄. 난소의 기능에 대한 걱정으로 산부인과 진료를 본 후 난소 기능이 저하되어있으나 심각하지는 않다는 이야기를 들음.**

- **유방암으로 둘째는 생각지도 못하였으나 완치가 되어 둘째를 생각하던 중 산전검사에서 난소 기능이 저하되어있음을 확인하고 적극적으로 처치 및 시술을 받자고 권유 받음.** *물론 이러한 경우에는 유방암 치료를 할 때 산부인과 협진을 하는 추세입니다.

난자 동결은 어떨까요?

2012년부터 관심이 증가하기 시작하던 난자 동결은, 난소를 과자극 시켜서 얻어낸 난자를 냉동 보관하는 것을 의미합니다. 임신이 가능한 시점에 동결시킨 난자를 나중에 해동시킨 후 체외 수정을 통해 임신을 시도합니다. 2014년 애플과 페이스북에서 자사 여직원에게 난자 동결에 사용되는 비용을 최대 2만 불까지 지원하기로 한 내용이 뉴스화 되며 많은 관심을 받게 되었습니다. 서울 소재 대학 난임센터에 2015년 한 해 동안 난자를 보관한 여성이 128명이나 될 정도로 한국에서도 그 수가 늘어나고 있는 추세입니다. 난포를 키우기 위한 호르몬 사용과 시술 시 발생할 수 있는 위험성, 비용 등으로 인해 “꼭 하셔야된다”고 권고해 드릴 수는 없으나, 늦은 나이에 결혼을 하고 싶은 분이나, 출산을 많이 미뤄야 할 이유가 있는 부부의 경우에는 난자 동결도 고려해볼 수 있겠습니다. 하지만 나이가 많아도 자연 임신이 될 수 있고 시술로도 임신이 가능하기 때문에 담당의와 상담이 꼭 필요합니다.

지피지기면 백전불태

요즘 같은 시대를 살다 보면 결혼이 늦을 수도 있습니다. 일을 하다 보면 아기를 늦게 낳을 수도 있습니다. 하지만 자기의 상태를 안다면 더 확실한 준비가 가능합니다. 한창 일을 열심히 해야 하는 신혼부부가 3년쯤 있다가 아기를 가지려고 했는데, 검사 상 난소의 기능이 저하되어있는 점을 알게 되어서 임신 시도를 조금 더 일찍 시작할 것을 권유받는 상황, 남자 친구와 결혼을 3년 후쯤 하려고 했었는데, 검사를 통해서 임신 가능성을 높이려면 결혼을 조금 더 앞당기는 게 좋겠다는 조언을 받는 상황이 올 수도 있습니다.

시대가 시대인 만큼 사회 경제적인 상황이 가장 중요한 것은 부인할 수 없습니다. 하지만 사회 경제적인 상황뿐만 아니라 의학적인 요소까지 고려한다면 더 좋은 결정을 내릴 수 있습니다. 지피지기면 백전불태라는 옛말이 있습니다. 상대를 알고 나를 알면 백 번 싸워도 위태롭지 않다는 뜻입니다. 임신과 출산에 있어서도 이는 똑같이 적용될 수 있습니다. ‘결혼을 하고 임신을 할지, 한다면 그 시기는 어떻게 할지’에 대해 고민하는 모든 여성분들께 조금이나마 도움이 되는 글이 되었으면 좋겠습니다.

무월경 2주 차

아기를 가지는 방법

"여보~ 이제 곧 부부관계를 해야 할 때가 다가오고 있어!!"

"여보 이번 달엔 조금 더 적극적으로 노력해서
아기를 가져보는 게 어떨까?"

"음… 글쎄 특별히 노력할 게 없긴 한데… 어떤 노력??"

"아니… '아니 땐 굴뚝에 연기 날까?'란 말도 있고,
'박수도 두 손이 맞아야 소리가 난다'는 말이 있지 않아?
그런 노력 말이야…"

"아?!! 아니야… 아기는 삼신 할매가 점지해주고 내려주는 거야.
<도깨비> 못 봤어? 지은탁만 해도 '삼신 할매'가 점지해줬었잖아!!"

"이걸 남편이라고…"

"하하.. 농담이고. 나에게 몇 가지 팁이 있는데 한번 해볼래?"

"빨리 말해봐. 엉뚱한 소리 하면 가만 두지 않겠어!"

결혼하고 임신이 잘 안 되는 친구들에게 알려주는 소정의 팁을 **기승전결**로 공개합니다.

기(起) : 부부관계를 언제부터?

정상 정자는 여성의 생식기 내에서 3~5일 정도 살 수 있는 반면, 난자는 배란(ovulation) 이후 12~24시간 내에만 성공적으로 수정이 될 수 있습니다.

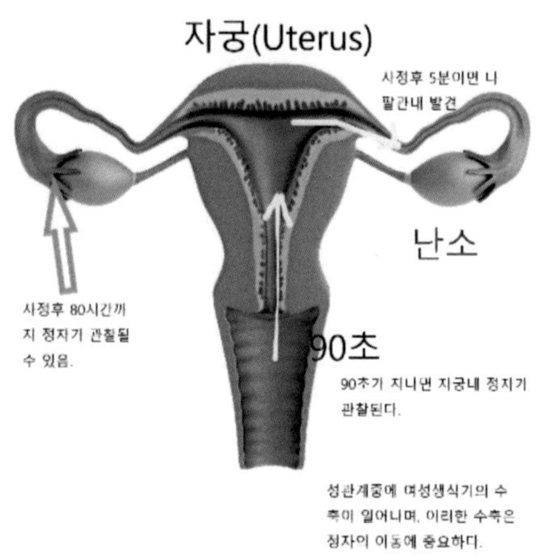

자궁 내 정자의 움직임

사정된 정자는 90초 내에 자궁 안으로 들어가게 되고, 사정 후 5분이면 난자에 접근할 수 있을 정도가 됩니다. 수정되지 않은 정자들은 나팔관에서 80시간까지 관찰될 수 있습니다. 사정 후 이동하면서 자궁 내 정자는 급격히 감소합니다. 처음 사정된 정자가 2~3억 개에 달했다면 자궁경부를 지나오고 나팔관까지 오면서 그 수가 급격히 감소하여 수 백 마리의 정자(1000마리가 되지 않는 정도)만 남게 됩니다.

정자의 수명과 배란일을 함께 고려해보면 임신하기 좋은 날은 **배란하기 5일 전부터 배란 다음날까지** 정도가 되겠습니다.

배란하는 날은 **생리 예상 시작일 13~15일 전**이고 확인하는 방법으로는 기초체온 테스트(Basal body temperature, BBT)와 배란테스트기(소변 내 LH를 이용한 배란 예측 kit)를 사용하는 방법이 있습니다. 초음파로 난포의 크기를 측정해 배란일을 대략적으로 예측할 수도 있습니다.

날짜에 대한 것은 상당히 이론적이므로 너무 스트레스받으면서 "오늘은 꼭 해야 해!"라고 부담을 가지시는 것은 정신건강에 안 좋습니다. (다만, 5일 정도 지속되는 생리가 끝나고 바로 가지는 성관계는 임신과 상당히 거리가 멀겠죠?)

승(承) : 부부관계를 얼마나 자주? 매일매일 VS 에너르기파 VS 원기옥?!

그림을 보시면 아시듯이 '손오공 (드래곤볼의 주인공)'은 에너르기파를 쓸 때 어느 정도 기를 모으고 쓰게 됩니다. '에너르기파'식의 부부관계란 이렇듯 매일매일 부부관계를 하는 것이 아니라 어느 정도의 간격을 두면서 하는 것을 비유한 것입니다. (남성의 수음은 하지 않는다는 가정 하에 설명합니다.)

'친구들아 나에게 힘을 보내줘'라고 외치며 지구인들의 에너지를 받아오는 손오공. 원기옥을 준비하기까지엔 시간이 상당히 걸립니다. '원기옥'식의 부부관계라면 역시 배란일을 기다리면서 한 번의 기회를 잡겠다는 뜻이겠죠.

매일매일 하는 적극적인 노력을 해야 좋을 것 같기도 하고! 한 번에 많은 정자가 임신에 사용되기 위해서는 한 달에 한 번 하는 게 좋을 것도 같고! 정답은 과연 무엇일까요?

한번 살펴보겠습니다.

아래의 표는 정액 검사에 대한 표입니다. 이 검사는 남성 불임 원인에 대한 일차적인 검사로, 수음(masturbation) 또는 수술적인 방법으로 얻어낸 정액으로 수, 농도, 운동성 및 형태에 대해 검사하는 것입니다.

항　목	정상치
양(Volume)	1.5ml 이상
pH	7.2 이상
정자의 농도	1500만 (1ml 당)
총 정자의 수	3900만 (1회 사정 당)
운동성을 가진 정자의 비율	40% 이상 *32% 이상(progressive)
생존 정자 수	58% 이상
정상 형태 수	4% 이상

정상 정액의 WHO 기준 (5th edition.)

사랑 쉬엄쉬엄 많이 하세요

검사 정상치를 살펴보면, 대부분의 남성이 1회 사정할 때 3900만 개 이상의 정자가 나오는 것을 알 수 있습니다. 하루에 다시 만들어지는 정자의 개수가 보통 하루 1~2억 마리이고, 사정되지 않은 정자의 양이 많을수록 정자 생성능력이 감퇴하기 때문에, 부부관계를 하는 날에 한 번으로 끝내는 것이 아니라 여러 번 관계하는 것을 권하는 곳도 있습니다.

정자의 생성량과 사정 시 나오게 되는 정자의 수를 고려해보았을 때에도 배란일 4~5일 전부터 2~3일에 한 번씩 하는 것이 좋겠습니다.

하지만 이러한 스케줄에 얽매인 성관계는 부부에게 스트레스를 줄 수 있어서, 임신 가능성이 높은 시점(배란 전 5일 전부터 ~ 최대 배란 후 1일)에 두 번 정도 성관계를 하는 것을 권유하기도 합니다. 하지만 한 번의 잘 준비된 '사정(ejaculation)'에도 임신 가능성은 20~35%밖에 되지 않는다는 것을 명심해야 할 것입니다.

참고로 지난번에 말씀드렸듯이 최근에는 남성의 정자수가 여러 가지 이유로 감소되고 있습니다. 그리고 나이가 들수록 '정액의 양'과 '운동성과 형태학적으로 정상인 정자'의 수가 감소합니다. (4장의 내용을 참고하세요.)

전(轉): 어떠한 자세로 사정을? : 체위별 임신율

가장 흥미 있게 보실 것 같습니다만, 안타깝게도 제가 아는 바에 의하면 체위별 임신율에 대한 내용은 없습니다.

후배위가 남성 성기가 여성 생식기에 깊숙이 들어가게 되므로 임신이 잘된다는 이야기도 있으나 근거는 명확하지 않습니다. 남성의 생식기도 다 다르게 생겼지만 여성 생식기도 각도나 길이가 다 다르기 때문에 확실한 결론은 없을 것 같습니다. 의학적으로 임신하기에 가장 좋은 포지션이 정해진 것은 아니므로, 아내와 가장 잘 맞는 체위로 사랑을 하는 것이 스트레스받지 않고 아기를 가질 수 있는 방법이라면 방법이라 할 수 있겠습니다.

결(結) : 하고 나서는 어떻게?: 부부관계가 끝나면?

보통 남성과 여성 모두 성관계 이후 소변을 보는 것을 권장합니다. 특히 여성의 경우 요도가 짧아 요로감염(Urinary tract infection)이 흔하기 때문에 성관계 후 소변을 보면서 성관계 도중 요도 쪽으로 들어온 세균들을 씻어내는 것이 좋습니다.

하지만 임신을 준비하는 여성들이라면 관계 후 누워서 쉬는 시간을 조금 더 가진 후에 일어나는 게 좋을 것 같습니다. 성관계에 대한 관련된 논문은 찾기가 쉽지 않아 명확하게 알려드릴 수 없습니다만, 인공수정과 관련된 2009년도 논문을 살펴보면, 인공수정(IUI) 이후 15분간 누워있는 군에서 누워 있지 않은 군에 비해 유의하게 임신율이 높게 나왔습니다.

※ 인공수정 (Intrauterine insemination, IUI)
: 미리 준비된 남성의 정액을 도관을 통해 자궁 속으로 직접 주입하는 방법

물론 인공수정(IUI)과 일반적인 성관계는 다르고, 의학적인 근거도 명확하지는 않습니다. 하지만 자궁 안에 직접적으로 넣어줬음에도 불구하고 15분간 누워있는 게 임신율 증가에 도움이 되었다는 점은, 성관계 후에도 15분간 누워있는 게 약간은 도움이 되지 않을까 하고 추측해봅니다.

단, "꼼짝 안 하고 오랫동안 누워있으면 더 좋겠지?"라고는 생각하실 필요 없습니다. 질 속에 남아있는 정자는 2시간 내로 활동성을 잃게 됩니다.

최종 요약!

평소 건강관리를 잘하며,
①배란일이 다가오면
②2~3일에 한 번씩 부부관계를 하고,
③부부가 가장 좋아하는 자세로서 사랑을 나누고 이후
④15분 이상 누워있다가 일어나자!

무월경 3주 차

1+1=3 이 되는 날

"여보~ 그런데 생리주기가 일정하지 않은 사람도 있잖아.
그런 사람들은 어떻게 배란하는 날을 알 수 있는 거야?"

"꽤 많은 여성들이 배란일을 느낀다던데?
난 생리를 글로 배웠다네~ 월(月). 경(經)....

"아니 그래도..."

"딱 보면 몰라? 딱 보면 몰라?"

"당신이 오늘 한 행위는 명을 재촉하는 행위야...
알고 있지? -_ -^"

"아! 아닙니다. 오해가 있으셨나 봅니다.
지금 설명이 머릿속에서 뭉게뭉게 생겨나서 뇌신경을 통해
말로 변경되어 나오려는 중이었습니다.
생리주기는 보통 28일 주기이지만, 대개 21~35일 사이는
정상으로 보며, 배란일은 생리 시작일을 기준으로..."

의학 기술의 발전에 따라, 생리가 불규칙한 분과 나이가 적지 않은 부부도 의학의 도움으로 아기를 가질 가능성이 높아졌습니다. 노력에도 불구하고 '임신이 늦어지는 것'은 부부 중 어느 누구의 잘못이라고 생각하지 않습니다. 임신을 매우 원하지만 늦어지는 상황에 처해 있을 때, 현대의학을 적극적으로 이용해서 임신을 하는 것은 '이 시대를 사는 우리'에게 적절한 행동 방침이 아닐까 생각합니다.

물 떠놓고 달을 보며 기도하는 시대는 지났다

현대의학을 적극적으로 이용하는 방법에는 개인적인 노력부터 시작해서 난임 시술까지 다양해서, 의학의 이용이 곧 난임 시술이라고 생각하실 필요는 없습니다. 이번 글에서는 임신을 위해 개인적으로 할 수 있는 의학적 접근에 대해서 알아보겠습니다.

임신이라는 것은 엄마의 난자, 아빠의 정자가 만나서 자궁에 착상을 통해 시작되는 일련의 과정입니다. 임신 과정 중 가장 먼저 일어나는 '난자와 정자의 수정은' 보통 배란 전 5일에서 배란 후 2일 사이에 부부관계를 가졌을 때 가능합니다. 그렇기 때문에 '사랑하기 좋은 날'을 알기에 앞서 배란일을 먼저 아는 것이 중요합니다. (생리가 불규칙한 분들, 특히 2~3달에 1번씩 생리하시는 분은 정기적으로 산부인과 진료를 보는 것을 권장합니다.)

배란일을 알아내는 법

1) 경험적인 방법 : 핸드폰 앱을 사용하는 방법

이 내용을 설명하기 위해서 처음으로 '생리 관련 어플'을 설치해보았습니다. 어플 홍보는 아니고 아내가 쓰고 있는 것을 봤는데 잘 정리가 되어있는 것 같아 다운로드하였습니다.

아래 앱은 "CYCLE"이라는 어플이고, 다른 앱과 마찬가지로 본인의 생리주기를 입력할 수 있습니다. 이러한 생리 관련 앱을 쓰는 것은 상당히 귀찮은

일이지만 사용하시는 것을 권유해 드리는 편입니다. 특히 생리를 꼬박꼬박 규칙적으로 하지 않는 여성분들은 어플을 통해 도움을 받을 수 있습니다.

생리주기에 따라 바뀝니다. 녹색 원이 가임기, 파란색 원이 예상 배란일입니다

사람의 몸은 단순하지는 않아서 매번 생리 때마다 1~2일 정도의 차이는 생길 수 있고, 몸의 호르몬 상태에 따라서 주기가 바뀔 수도 있습니다. 하지만 규칙적으로 생리하시는 분이라면, 대략의 배란 일정을 예측해볼 수 있습니다. 고등학교 생물시간에 배운 것을 다시 한번 떠올려보세요. 28일 생리주기에서 14일째 배란을 한다고 배웠던 것 기억나십니까? 하지만 실제로는 생리를 시작하고 14일째 배란을 하는 게 아니라, 생리 시작 13~15일 전에 배란을 합니다. 다르게 표현하면, 배란하고 14일이 지나면 생리를 시작하는 것입니다.

많은 핸드폰 어플들이 '예상 배란일' '월경 시작일' '가임기'를 직관적으로 알아볼 수 있도록 알려줍니다. 정자가 나팔관에서 생존해있는 시간과 난자의 생존시간 등을 고려하면 가임기는 '배란일 5일 전부터 배란 후 2일까지'이기 때문에 배란일을 주변으로 색을 다르게 해서 표시해둡니다. 'CYCLE'이라는 앱에서는 녹색원이 바로 '임신 가능한 가임기'인 것이죠. 앱에서 표시해주는 기간 동안 사랑을 열심히 나누시면 되겠습니다.

핸드폰 앱을 이용하는 것은 비용도 거의 들지 않고 간편하지만, 단점도 있습니다. 월경이 너무 불규칙한 경우에는 앱을 적용하기가 쉽지 않고, 본인이 입력한 생리주기에 따라 특정 날짜에 배란이 될 거라는 예측을 할 뿐이지, 실제 배란 여부는 확인할 수 없습니다.

2) 기초 체온 테스트

체온은 몸에서 일어나는 대사(metabolism)와 관련되어 있고, 운동이나 음식물 섭취, 감정 상태에 따라서도 변할 수 있습니다만, 기초체온(BBT)은 기초대사량만 반영되어있어서 다른 요인에 의한 변화가 적다고 볼 수 있습니다. 기초체온은 매일 아침 잠에서 깬 직후의 체온을 재는 것인데, 자리에서 일어나거나 움직이기 전에 입 안에 체온계를 넣어 측정합니다. 매일 측정하여 2달 이상의 데이터가 쌓이면 생리주기 및 배란시기를 예측하는데 도움을 받을 수 있습니다.(매일 아침에 일어나기 전에 스스로 체크해야 돼서 상당히 번거롭지만, 매우 중요하게 생각하시는 선생님들도 있습니다.)

기초체온 그래프를 보는 방법은 쉽습니다. 월경 시작일부터 배란일까지는 체온이 상대적으로 낮다가 평소보다 기초체온이 가장 떨어지는(0.1~0.3ºC 가량) 날이 배란일이고, 배란 이후에는 기초체온이 0.3~0.6ºC 가량 상승합니다. 이렇게 기초체온의 높고 낮음이 주기적으로 반복된다면 배란일과 월경주기를 손쉽게 예측할 수 있습니다.

※ 기초체온(Basal body temperature test, BBT)

일정 시간 (4시간 이상, 보통 6~8시간)의 수면 이후 잠에서 깬 직후의 체온. 배란이 일어나게 되면 여성호르몬 중 프로게스테론이 시상하부의 체온 중추에 작용함으로써 0.3~0.6 º C가량 상승함. 매일 아침 기상 시 입 안에 체온계를 위치함으로써 측정할 수 있다.

무월경 3주차

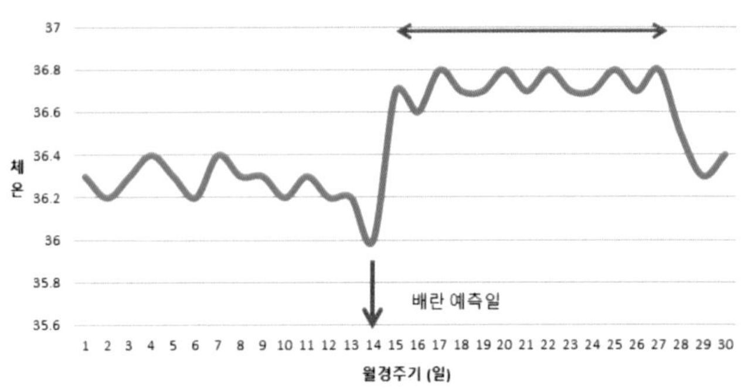

산부인과 진료를 고려하세요!

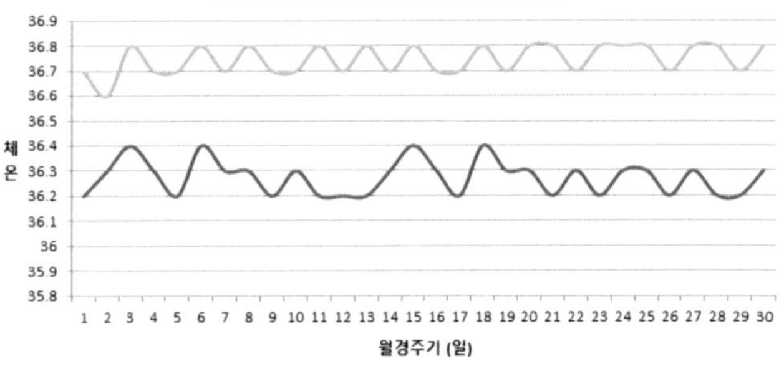

체온의 변화가 거의 없는 1상성 패턴

월경 시작일부터 배란일까지는 체온이 상대적으로 낮다가 배란 이후 기초체온이 상승하는 2상성 패턴(정상 패턴)과 체온의 높고 낮음에 상관없이 꾸준히 체온 변화가 거의 없는 1상성 패턴. 본인의 기초체온 그래프가 1상성 패턴일 경우는 산부인과 진료를 고려해보세요.

병원 혹은 약국에 방문하여 기초체온 측정용 온도계를 구입하여, 매일 아침 측정하고, 기록하시면 됩니다. 생리주기가 심하게 불규칙하신 분들은 기초체온을 매일 측정하시다가, 체온이 평소보다 떨어졌다가 기초체온이 올라가는 게 관찰되면 그때 배란되었다고 볼 수 있습니다. (배란 예정일에 약간 떨어진다고 하지만 0.1~0.3ºC밖에 떨어지지 않아요.)

하루도 빼지 않고 매일 아침 체온을 재야 하고, 잠에서 깨어난 직후 움직이기 전에 측정해야 하는 어려움이 있어서, 기초체온만을 이용해서 배란을 예측하기는 힘듭니다. 그래서 다음에 설명드리는 소변 검사(소변 내 LH 측정)와 초음파 등 다른 방법에 의한 결과까지 종합적으로 검토하시는 것이 좋습니다.

한두 달 간 측정했을 때, 체온의 변화가 배란일을 주변으로 크지 않고 두 번째 그림처럼 1 상성(monophasic)으로 보인다면 산부인과 진료를 받아보시는 것을 권유해 드립니다.

3) 배란테스트기 (Urine LH kit, 배테기)

"두 줄이네? 임신인가?

두 줄이 나오는 검사는 많습니다만, 흔히 알고 계시는 검사는 소변 임신 검사입니다. 화장실에서 마음 졸이며 조심히 '고스톱 패' 열어보듯 확인하는 소변 임신테스트기 말고도 요중 LH농도를 확인해주는 키트(kit)도 있습니다. 흔히 배란테스트기를 줄여 배테기라고 부릅니다.

← MAX

두 줄 나오는 검사는 왠지 모르게 두근거립니다. 저만 그런가요?

배란하기 전에는 먼저 배란을 유도하는 황체화 호르몬(Luteinizing hormone, LH)이 혈액 속에 증가하게 됩니다. 이로 인해 소변으로 배출되는 황체화 호르몬 양도 따라서 증가하게 되지요. 배테기는 소변으로 배출된 황체화 호르몬을 측정해주는데, 황체화 호르몬의 존재 여부뿐만 아니라, 그 양도 대략적으로 가늠할 수 있는 검사입니다.

정확하진 않지만 배란 직후 황체화 호르몬(LH)이 증가했다가 감소하면서 배란이 일어나는 것을 고려해 배란일을 예측을 할 수 있습니다. 배란이 예상되는 날로부터 5~6일 전, 혹은 생리 예정일의 20일 전부터 배테기에 두 줄이 나올 때까지 하루 한 번씩 같은 시간대에 검사를 시행합니다. 두 줄로 확인되면 2회씩 조금 더 자주 확인하여도 되고, 그때부터 부부관계를 가져도 됩니다. 하지만 베스트 타이밍은 그때그때 다르고, 사람마다도 다르겠죠? (검사 방식은 설명하시는 분들에 따라, 테스트기에 따라 차이가 있을 수 있습니다.) 테스트기에서 줄이 가장 진하게 나온 다음날(12~24시간 후)이 배란일일 것으로 추정할 수 있습니다.

배란일엔 꼭! 사랑을 나눕시다!

4) 초음파

초음파로 확인할 수 있는 것은 자궁내막의 두께와 난포의 크기입니다. 자궁내막의 두께는 임신과 중요한 관계가 있으며 8mm 이상은 되어야 임신의 조건에 적합하다고 여겨집니다. 보통 배란 직전의 두께는 10mm 이상이 되고 식물의 잎사귀와 같은 모양(leaf sign)을 띄게 됩니다. 하지만 이러한 내막의 소견보다는 자궁 난포의 크기를 확인하는 것이 더 명확합니다.

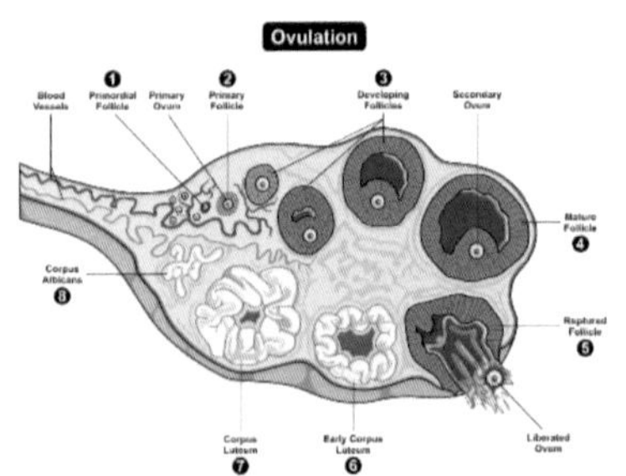

난포의 성장과 배란. Image from shutterstock.com

위의 그림에서 (6) (7)번에 보이는 노란 것은 배란 이후의 황체이고, ⑤번은 배란하고 있는 난포의 모습입니다. 난포는 월경 시작 이후부터 발육하여 15~20개 정도, 하루에 1.5~2.0mm씩 커지게 됩니다. 우성 난포(Dominant follicle)가 선택되어 하나만 계속 자라고 나머지 난포는 퇴축하게 됩니다. 계속 자란 우성난포는 20~22mm의 크기가 되면서 곧 배란할 가능성이 매우 높아지게 됩니다. 따라서 초음파로 난포의 크기를 확인하면 배란일을 추정할 수 있습니다.

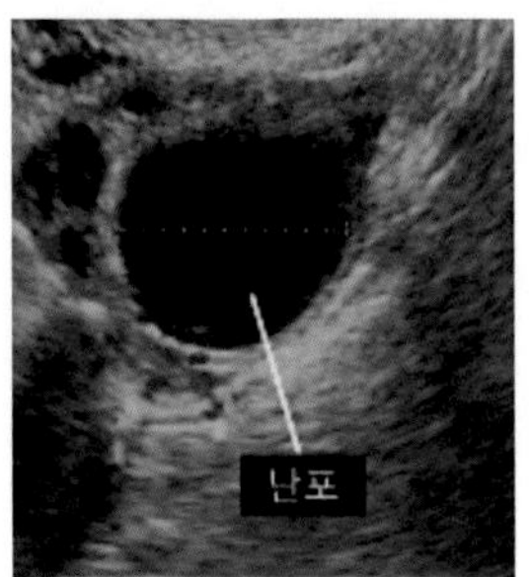

난포의 초음파 소견

그럼 초음파를 보면 배란일을 무조건 추정할 수 있나요?

그렇지는 않습니다. 난포의 모습이 난소낭종(ovarian cyst)과 유사한 경우가 있기도 하고, 난포가 배란되지 않을 수도 있어서 초음파가 100% 예측할 수 있다고 할 수는 없습니다.

우리는 지금까지 배란을 예측할 수 있는 4가지 방법을 살펴보았습니다. 사실 눈으로 보지 않는 한 100% 확신하는 것은 불가능하지만, 위의 방법들을 이용하면 의학적으로 배란일을 추정할 수 있습니다. 이러한 방법들을 통해서 임신을 원하시는 여성분들이 조금이나마 쉽게 아기를 가질 수 있으면 좋겠습니다.

핸드폰 App사용
기초체온검사
배란테스트기
초음파

무월경 4주 차

아기가 생겼을까?

이른 아침, 와이프가 먼저 일어났는지
부스럭부스럭거리는 소리가 화장실에서 들렸다.
그리고 문이 갑자기 확 열렸다.

"여보 여보 여보 여보 여보!!!!!"

"으음.. 음. 왜?.."

"두. ... 두 줄이야!!"

"음?! 뭐가 두 줄인데?"

"남편이 이렇게 눈치가 없어서야..."

"뭐라고?"!

"아! 아냐~혼잣말이야..
소변 임신 검사했는데 양성으로 나왔다고!!!"

"응? 아직 생리할 때 안 되지 않았어??"

"너무 궁금해서.... 먼저 해봤어!! 잘했지?
잉어 한 마리가 물가에서 헤엄치고 노는 꿈을 꿔서...
근데 두 줄인데 왜 하나는 이렇게 연한 거야??"

"임신 초기여서 그렇겠지?
나 빨리 출근해야 돼서 길게 설명할 시간이 없는데 ㅠ_ㅠ
일단 내가 나중에 조금 더 자세히 설명해줄게,
임신 초기에 소변검사에서만 양성으로 나왔다가
임신으로 진행이 안 되는 경우도 있으니까
너무 기쁘다고 여기저기 알리지는 마.
..
그리고 임신 축하해♥
오늘 퇴근할 때 맛난 거 사 올게~!"

임신 확인은 항상 두려운 것 같습니다.

결혼하지 않은 사람은 결혼하지 않아서, 결혼한 사람은 결혼했기 때문에 두려운 임신 확인. 이번 장은 임신 확인, 즉 임신테스트기 사용에 관련된 내용을 이야기해보겠습니다. 부부의 대화에서 보면 '글 속의 아내'는 생리 예정일보다 일찍 소변검사를 했습니다. 하지만 저는 개인적으로 **생리 예정일에서 3~4일쯤 지난 후에 검사를 하시는 게 가장 좋다고 생각합니다.**

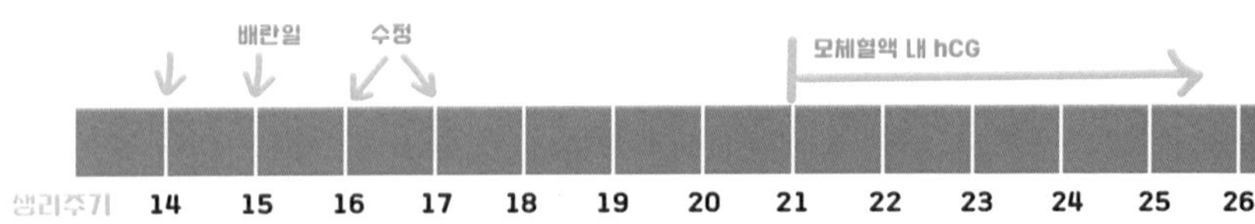

생리가 불규칙한 여성은 생리 예정일이 언제일지 예측하기가 어려운데요. 그럴 때는 우선 자신의 '배란 날짜'를 알아보세요. 그날로부터 13~15일 이후가 '생리가 예상되는 날'입니다.

배란이 있은지 1~2일 후쯤 수정이 일어나며, 자궁에 착상(배란 7~8일 후)이 되고 나면 모체 혈액 내에서 beta hCG가 증가하게 됩니다. 하지만 엄마의 혈액에서 hCG(인간 융모성 생식선 자극 호르몬)가 검출되거나 착상이 되었다고 해서 모든 임신이 유지되는 것이 아니며, 초음파로 확인되기 전에 '유산'으로 진행될 수도 있습니다. 이러한 '일시적' 임신의 경우는 산모 몸의 변화도 크지 않기 때문에 '생리주기와 양상이 조금 바뀌었네'라고 생각하고 임신인 줄 모른 채 넘기는 분들도 간혹 있습니다.

*** 착상**
: 수정된 배아(EMBRYO)가 자궁벽에 붙어 태반을 형성하는 과정
*** hCG (인간 융모성 생식선 자극 호르몬, Human chorionic gonadotropin)**
: 태반에서 생성되며 임신유지에 중요한 역할을 한다.

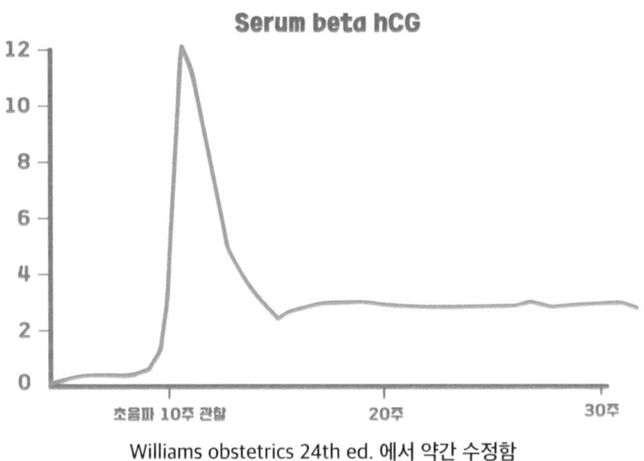

Williams obstetrics 24th ed. 에서 약간 수정함

위의 그래프를 보시면 임신 초기에는 매일매일 hCG가 증가하는 것을 확인할 수 있습니다. 이렇게 증가한 hCG는 소변으로 배출되는데, 임신테스트기는 소변 내의 hCG 검출을 통해 임신 여부를 알려주게 됩니다.

임신 여부가 너무너무 궁금한데 언제부터 확인할 수 있나요?

보통 배란일을 기준으로 8~10일 후쯤, 빠른 경우에는 배란 후 6일째, 늦은 경우에는 배란 후 12일째부터 소변에서 hCG가 검출될 수 있습니다. 하지만 hCG가 일정 수치 이상으로 올라가야 '양성(2줄)'으로 표시되기 때문에 너무 이른 시점에 검사를 하면 임신임에도 불구하고 '음성(1줄)'으로 나오게 됩니다.

생리가 너무너무 불규칙해서 배란일을 도저히 모르겠어요.

생리가 불규칙한 분들은 배란일이나 생리 예정일을 알기가 쉽지 않습니다. 임신을 준비한다면 배란테스트기, 기초체온법과 초음파 등을 통해 배란일을 예상하시도록 노력하는 게 좋습니다. 잘 모르시겠다면, 피임이 되지 않은 성관계 2~3주 후에는 최소 한 번은! 임신 여부를 확인해보시길 권해드립니다. 생리 간격이 평소 30~60일 정도여서 **'이번엔 두 달 만에 하는구나'하고 방심하다간 '10주 쑥쑥 자란 아기'를 초음파로 보실 수도 있습니다.**

두 줄이면 무조건 임신인가요?

착상이 되었다가 짧은 시간 내에 유산이 일어나는 경우에도 양성(2줄)으로 나오고, 자궁외 임신인 경우에도 양성으로 나타납니다. 자궁외 임신은 의학적 조치가 필요합니다. 임신이 되었다가 초기 유산으로 진행된 경우에도 모체 내에 남아있는 hCG로 인해서 양성(2줄)으로 나올 수 있습니다. 그리고 드물지만 몸에서 다른 이유로 hCG가 증가되는 경우에 거짓 양성으로 나타날 수도 있습니다.

두 줄이 나왔습니다. 어떡할까요?

임신을 확인하는 방법으로

1. 임신진단키트
2. 혈액검사
3. 초음파 검사

등이 있습니다. 만약 생리 예정일 이전에 호기심으로 검사를 진행하였다면 생리 예정일 이후에 다시 한번 검사해보는 것을, 생리 예정일 이후에 검사하였으면 산부인과 진료를 받아보시는 것을 추천드립니다.

생각보다 초기 유산과 자궁외 임신 등의 경우가 적지만은 않아서, 소변검사로 임신이 확인되었다고 남편을 제외한 가족에게 말하는 것은 추천해 드리지 않습니다. 초음파로 '자궁 내 임신'을 확인한 다음, 그리고 '아기 심장이 뛰는 것을 본 후' 가족들과 함께 좋은 소식을 공유하시기를 추천드립니다.

초음파로 아기집은 언제부터 보이나요?

생리 예정일로부터 보통 1~2주가 지나면 초음파로도 임신 여부를 확인 가능합니다. 아기집(GS, Gesational sac)은 초음파상 하루 1mm씩 자라게 되며 아기의 심장박동 소리는 대개 임신 6~7주(생리가 불규칙하면, 배란일로부터 4~5주 정도)가 되면 확인 가능합니다. 하지만 이 주수에서 심장박동이 관찰되지 않는다고 '유산'으로 진단 내리는 것은 아니며, 임신 주수에 따른 변화, 임상 상황, 초음파 소견과 혈액검사 소견을 종합하여 최종 결정을 내립니다.

계획된 임신을 한다는 것은 부부에게 축복입니다. 아기를 기다리는 모든 분들의 임신테스트기가 두 줄로 나오길 바라며 마지막 글을 마칩니다.

『임신부터 출산까지』는 시리즈로 출간됩니다. 다음 편도 기대해주세요!

지은이 | @forhappywomen

전 남자지만, 모든 여성이 행복하고 더 건강하면 좋겠습니다.
그러면 남성들도 더 행복해질 수 있습니다.

편집인 | @bburi.boram

MEDITEAM은 전 세계 사람들이 올바른 의료정보에 더 쉽게, 더 가까이 다가갈 수 있도록 노력합니다. 아래의 홈페이지에서 수많은 메디팀의 정보를 누려보세요.
https://mediteam.us

MEDITEAM은 steemit STEEMIT.COM과 함께 합니다.

@bramd 안과, mediteam의 눈
@cancerdoctor 방사선종양학과, 오지고 지리는 암 정복하는 의사
@dev1by0 UX designer, 메디팀 펜2
@doctorfriend 피부과, 당신이 궁금한, 피부에 관한 모든 것
@familydoctor 가정의학과, 당신의 그리고 당신이 사랑하는 사람의 주치의
@feelingofwine 응급의학과
@junn 이비인후과
@lylm 응급의학과
@ohmybaby 소아과
@parkhs 병리과
@pediatrics 소아과
@radiologist 영상의학과
@segyepark 개발자, 메디팀 펜 1
@smtop38 치과
@verygoodsurgeon 외과, 호기심 많은 외과의사